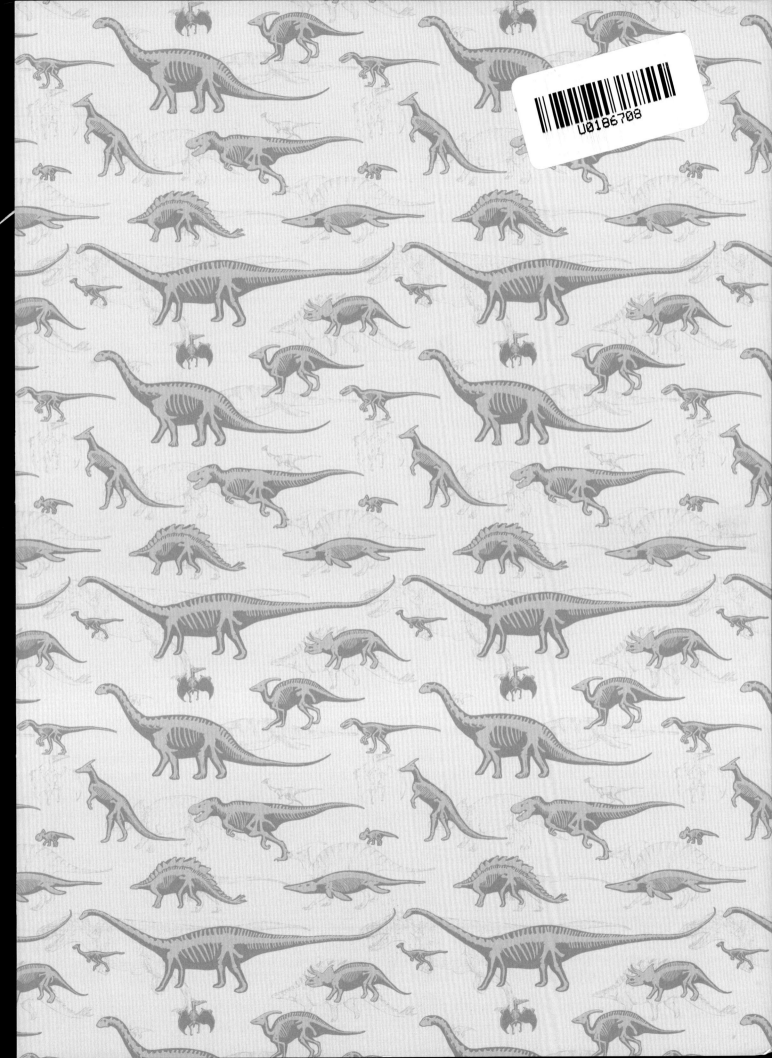

中国恐龙百科

中国恐龙收录大全，探索恐龙身世之谜。
3D绘画视觉呈现，逼真再现远古世界。

邢立达　编著

江苏凤凰美术出版社　大石精品图书

在上海自然博物馆展出的马门溪龙是镇馆之宝。马门溪龙身长22米，肩高3.5米，体重达数十吨，是在重庆合川区太和镇发掘出来的，是世界上最大的恐龙之一。

序言

说到恐龙，我们头脑中会涌现出像暴龙（俗称霸王龙）、三角龙、梁龙、甲龙和剑龙等这些北美恐龙明星的名字，它们当然是全世界恐龙迷的最爱。不过，北美之外也有一些著名恐龙，比如南美洲的阿根廷龙、非洲的棘龙、欧洲的禽龙和亚洲的伶盗龙，当然，还有中国的马门溪龙和青岛龙等。尽管世界各个大陆都有恐龙发现，但公众对北美恐龙的了解要明显好于其他地区，其中一个原因在于北美恐龙的科普工作非常系统和深入。

从发现恐龙物种的数量来看，中国已经成为世界第一大国。过去的几十年尤其见证了中国恐龙新物种数量的增长，这些新发现既有来自中国恐龙研究经典地点的，像新疆、内蒙古、甘肃、云南等地以及山东诸城，也有来自新化石点的，比如宁夏灵武、甘肃兰州、广东河源、江西赣州以及河南汝阳等地。当然，来自辽宁西部及其周边地区的恐龙化石发现，毫无疑问代表近年来世界上最重要的发现。

应该说，伴随着中国恐龙新发现，相关的科普文章和书籍也不断地发表和出版，这不仅促进了我们对中国恐龙的了解，甚至还改变了公众对有关恐龙的一些传统认知。这些科普书籍和文章中不乏优秀作品，但据我所知，还没有一本全面系统介绍中国恐龙新发现的科普书籍。邢立达的《中国恐龙百科》出版正当其时，填补了这一空缺。

邢立达近年来在古生物学科普领域非常活跃，已经出版几十本科普书籍，《中国恐龙百科》是他的又一本新作，继承了作者一贯的科普风格：图文并茂和通俗易懂。本书中，作者先回顾了中国恐龙的研究历史，介绍了代表性化石产地，总结了恐龙的基本知识，然后逐一介绍了发现于中国的代表性恐龙物种，为读者展现一个有关中国恐龙的完整图景，是迄今为止有关中国恐龙最全面的一本科普书籍。

科普作品一方面需要准确传播科学知识；另一方面需要通俗易懂。古生物学科普还存在另外一个问题，即当前学科快速发展，有关认知变化很大。这些因素导致古生物学科普尤其困难，特别是在兼顾科学性和通俗性方面。本书在介绍各种恐龙的时候，把它们划分为肉食、植食和杂食性三大类，这种划分有利于公众理解，但灭绝动物食性推断有难度，尤其是在辨别杂食性物种的时候。读者在阅读时，一定要意识到，书中内容并非全部都是科学界的共识。总体而言，我相信读者将会喜欢这样一本新书，将会享受到中国恐龙发现为我们带来的乐趣。

徐　星

中国科学院古脊椎动物与古人类研究所

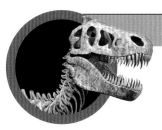

一事精致，足以动人

打记事起，我从来不是一个特别优秀的小孩，成绩总是在中流浮动，如果有偏科的学得好些，也持续不了太长时间。对于身材倒是非常有恒心，一直向着中流砥柱发展。

高中那年，我学着做网页，做了一个文学类的网站，又做了一个恐龙的网站。前者让我遇到了一群文艺的人，让我知道情感的美好；而后者，让我撞到了一大群自然科学的斗士，他们和神创论、伪科学针尖对麦芒，辩论得不亦乐乎，让我这个边陲小城的少年大呼过瘾。我迫不及待地给网站填上了更多的资料，为大家提供了充足的弹药，甚至以一己之力，翻译了八百多个属的恐龙资料库。是的，您今天用的恐龙中文名，大部分出自高中时代的我。

这些事儿很快引起了中国研究恐龙的顶级机构的注意，老师觉得居然有人对这样一门吃苦不赚钱的冷门学科如此热心，给予了我诸多帮助和各种机会，最终使我走上了科学研究的道路，出国留学，学成回国继续深造，并成为象牙塔中教授恐龙的人。

恐龙就这样血气方刚地改变了我的人生。

追猎恐龙很是辛苦。这几年，我每年要在野外度过两百多天。因为抢救性的工作居多，我养成了说走就走的习惯，风餐露宿，与毒蛇蚊虫为伍，与同行冒雨攀岩，与潜在的地质灾害抢时间，在烈日和暴雨下与泥浆、石块穷折腾，烧体力扛着巨重的化石。

当同龄人在办公室抱怨午餐太油腻的时候，我在藏东南、南疆腹地的无人区，甚至包括伊朗——伊拉克交界——缅甸北部的虎狼之地，不是在泥泞中敲击岩层，就是在铁板烧一样的岩壁上临摹标本，要么是在摇晃的皮卡上作为人肉垫子保护着化石。我不停奔跑于野外，为的是尽可能摸清我们脚下的大地在亿万年前是一个怎样的璀璨世界。

几年前，我突然有一件很想做的事，就是写一本《中国恐龙百科》，让一本书可以带你看遍华夏恐龙。数百种恐龙，齐齐整整，特别著名的我们详细说说，默默无闻的我们也提一提，并由最好的本土画师将它们重建出来。这本书花了很长时间，终于长成最期待的样子。

徐星老师夸过我，说我恐龙科普是做得最好的。我一直将这句话作为一股动力，尽可能确保写作的高品质。但是，在这个大发现的时代，古生物学最好的时代，学科的知识更新很快，各种假说层出不穷，可能今天提出的假说，明天就被新的化石给驳倒了，书中所写大部分是主流观点，也有比较前卫的，甚至小众的，所以我希望读者们要辩证地看问题。

咱们的史前生活，就是这么奔放。

邢立达
中国地质大学（北京）副教授

目录 | CONTENTS

004　序言
006　作者序

011　发现恐龙

013　龙在神州——发现中国恐龙的故事
035　恐龙和它的三个时代
047　恐龙的一生
061　恐龙探索
069　恐龙的灭绝

077　肉食性恐龙

078　明星恐龙

078　盘古盗龙　　　094　近鸟龙
080　中国龙　　　　096　晓廷龙
082　单脊龙　　　　098　曙光鸟
084　气龙　　　　　100　耀龙
086　永川龙　　　　102　中华龙鸟
088　中华盗龙　　　104　小盗龙
090　特暴龙　　　　106　长羽盗龙
092　足羽龙　　　　108　寐龙

110　肉食性恐龙档案馆

137　杂食性恐龙

138　明星恐龙

138　北票龙
140　肃州龙
142　窃蛋龙
144　尾羽龙
146　巨盗龙

148　杂食性恐龙档案馆

165　植食性恐龙

166　明星恐龙

166	禄丰龙	190	华阳龙
168	金山龙	192	巨刺龙
170	云南龙	194	沱江龙
172	珙县龙	196	乌尔禾龙
174	云龙	198	天宇龙
176	蜀龙	200	马门溪龙
178	酋龙	202	綦江龙
180	巧龙	204	盘足龙
182	峨眉龙	206	青岛龙
184	川街龙	208	鹦鹉嘴龙
186	盐都龙	210	诸城角龙
188	灵龙	212	中国角龙

214　植食性恐龙档案馆

271　近年新发现的恐龙

271　近年新发现的恐龙档案馆

发现恐龙

"**恐**龙"是一个既古老又新颖的名词。说它古老，是因为研究的恐龙化石材料时间都长达数千万年甚至数亿年；说它新颖，指的是这个名词一直到1841年才被创造出来，到现在还不到两百年的历史。但在这短短的时间里却有着大量的新发现，尤其近年来的研究更是突飞猛进，新的理论不断出现，几乎完全颠覆了过去人们对恐龙的所有传统认知。

龙在神州

发现中国恐龙的故事

根据 2009 年的统计数据，中国已经超越美国，成为世界上发现恐龙最多的国家。从时间来看，中国发现的恐龙化石标本，年代从 2 亿年前到 6600 万年前，涵盖面从早侏罗世一直到晚白垩世，组成了相当完整的恐龙演化史；从地理角度看，除了青海省、福建省、海南省、中国台湾省、中国香港及中国澳门特别行政区之外，恐龙化石已经被证实普遍存在于中国各省；从恐龙学的分类来看，恐龙的主要类群在中国都能找到其中的代表。

现在，中国已成为世界恐龙研究大国。学者们千辛万苦收集来的恐龙骨骸，被安置在全国大大小小的博物馆和科研机构内，此外还有遍及全球的复制品。它们会一直提醒着后来人，恐龙在东方大地上，曾经有过一段段无比传奇的历史。●

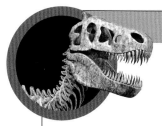

故事从外国人手中开始

说起中国恐龙化石的发现，追根溯源，恐怕要去询问千年之前的郎中或炼丹方士，当他们把龙骨砸碎熬汤之时，就缓缓开启了这门研究的时光之门。据史书记载，265 ～ 317 年的西晋时期，中国人就已经在四川北部发掘出恐龙的骨头，当时主要的用途是入药治病。而被真正记载的中国恐龙化石发现，与俄罗斯有关。●

俄国人打出第一炮

1902 年，俄国陆军上校马纳金（Manakin）获得了一些黑龙江沿岸渔民所发现的骨骼化石。马纳金将化石送到哈巴罗夫斯克地质博物馆，还发表了文章，他认为这些化石是属于真猛犸象的。1915～1917 年，俄国考察队在黑龙江嘉荫县以西 12 千米处的一座小山包，采集到了大批鸭嘴龙类恐龙的骨骼化石和一些兽脚类恐龙的牙齿化石。这批标本于 1930 年被命名为黑龙江满洲龙（Mandschurosaurus amurensis）。黑龙江嘉荫县的这些发现，标志着中国恐龙化石研究的正式开始。

内蒙古的恐龙蛋

1922 年 4 月 21 日清晨，一支由美国纽约自然史博物馆主导，安德鲁斯（R. C. Andrews）担任团长的第三次中亚古生物考察团，从张家口的营地出发奔赴内蒙古。4 月 25 日，考察团在营地东北方 14 千米处发现了恐龙化石，由此，内蒙古这个"恐龙窝"第一次展现在世人面前。1923 年 7 月 13 日下午，安德鲁斯发现了人类历史上第一批恐龙蛋化石。

发现中国恐龙大事年表

1900 ～ 1910 年	1911 ～ 1920 年

1902 年
沙俄上校马纳金在黑龙江嘉荫县乌云地区从渔民手中收集到产于中国的第一具恐龙化石，并在《俄罗斯地质与矿产年鉴》上著文发表，这具恐龙化石现存于哈巴罗夫斯克博物馆。

1914 年
中国农商部聘请时任瑞典地质调查所所长的瑞典地质学家安特生为矿政司顾问。

1915 年
美国地质学家劳德伯克在四川荣县城采得恐龙牙齿和股骨化石，这是在四川盆地发现恐龙化石的最早科学记录。

1921 年
美国纽约自然史博物馆筹划组织的第三次中亚古生物考察团来华，此次考察延续了 10 年（1921~1930 年），其活动主要限于内蒙古一带，从中生代恐龙到新生代各时期哺乳动物的大量新发现令世界瞩目。为此，地质调查所聘请奥地利古脊椎动物学家师丹斯基来华研究化石。

最早命名的中国龙

　　1922~1923年，瑞典地质学家安特生（J. G. Andersson）博士与中国地质学家谭锡畴在山东蒙荫挖掘出大量化石，其中包括两具不完整的蜥脚类恐龙化石，以及一些兽脚类牙齿、剑龙类骨板，这里也是中国另一处恐龙的早期发现点。其中的蜥脚类恐龙化石于1929年被命名为师氏盘足龙（*Euhelopus zdanskyi*），这个名字是为了纪念当时一起工作的奥地利古生物学家师丹斯基（Otto Zdansky）。另外，由谭锡畴在山东省莱阳县将军顶发现的一批鸭嘴龙化石，也于1929年定名为中国谭氏龙（*Tanius sinensis*）。盘足龙是中国产出并由学者正式命名的第一只蜥脚类恐龙，与中国谭氏龙一起，代表着中国最早的有效恐龙命名。1902~1937年，还有满洲龙和巴克龙被学者命名。

　↙黑龙江满洲龙是一种大型鸭嘴龙，嘴长而宽扁。

↓原角龙化石。

中亚古生物考察团的大丰收

　　中亚古生物考察团在1921~1930年的考察地点，几乎遍布中国全境。这次考察也发现了一大批恐龙化石，其中包括暴龙类的独龙（*Alectrosaurus*）、鸭嘴龙类的巴克龙（*Bactrosaurus*）和吉尔摩龙（*Gilmoreosaurus*）、角龙类的鹦鹉嘴龙（*Psittacosaurus*）和原角龙（*Protoceratops*）等。

中国学者参与研究

　　1927年，中国和瑞典联合组成的西北科学考察团在北平成立，由瑞典探险家斯文·赫定（Sven Hedin）率领。赫定是第一位在探险过程中聘用当地科学家参与研究的外国科学探险家。中国著名地质学家袁复礼获聘参与，他在考察期间发现了许多似哺乳爬行动物的化石和一种蜥脚类恐龙，后来，这只恐龙由杨钟健命名为天山龙（*Tienshanosaurus*）。此外，考察队还在内蒙古、甘肃等地采集到了微角龙（*Microceratops*）、原角龙（*Protoceratops*）化石，在宁夏发现了绘龙（*Pinacosaurus*）和鹦鹉嘴龙（*Psittacosaurus*）化石。

1921 ～ 1930 年

1922 年
　中亚古生物考察团奔赴内蒙古的二连浩特和蒙古的沙巴拉乌苏并在次年找到了恐龙蛋，轰动了全世界。

1923 年
　美国地质学家葛利普命名"热河系"，并在1928年提出"热河动物群"的概念，代表凌源地区的地层中的动物化石组合。此后，日本学者在这套地层中相继发现了一些脊椎动物化石，如满洲龟、满洲鳄、矢部龙等。

1927 年
　中国农商部和瑞典探险家斯文·赫定共同组成中瑞西北科学考察团，联合考察取得多项重要发现和进展。考察历时8年，涉及地质、古生物、气象、地理等学科，这期间发现的一件恐龙化石在1937年被命名为天山龙。

1929 年
　谭锡畴、师丹斯基于1923年前后在山东发现的恐龙化石由瑞典乌普萨拉大学学者维曼完成研究，命名为师氏盘足龙和中国谭氏龙，代表了中国最早的有效恐龙命名。

1930 年
　苏联考察队在黑龙江嘉荫县采集的鸭嘴龙类骨骼化石被古生物学家命名为满洲龙。满洲龙是中国发现的第一种恐龙，标志着中国恐龙化石研究的正式开始。

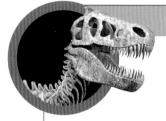

"龙骨油灯"照亮禄丰

在中华人民共和国成立前，中国恐龙发现史上最重要的收获要算云南的禄丰龙。回到 1937 年，当时的中国社会较为动荡。此后的 8 年，中国的科学家在颠沛流离中奋进，杨钟健就是在这样的背景下离开北平来到西南大后方的。1938 年 7 月，时任经济部中央地质调查所昆明办事处主任的他，开始对云南地区的地质和古生物化石展开调查。●

造路翻出的"龙骨油灯"

1938 年 10 月，古生物学家卞美年和技师王存义，在完成马街（元谋）新生代地质调查后回昆明的途中在云南禄丰县停留。他们这一停留，竟带出了重大发现。当时著名的中缅公路恰好修到禄丰段。这一天，卞美年和王存义来到禄丰西北的沙湾村，夜深找不到旅店，就借住在当地人家，却意外发现主人家使用一种称为"龙骨油灯"的特殊灯具。于是他们好奇地问这"龙骨"灯具从何而来，主人家说："修路时翻出来的，还翻出了许多。"

→许氏禄丰龙是最早出现的恐龙之一，在早侏罗世生活在云南地区。1937 ～ 1949 年间，包括禄丰龙在内的峨嵋龙、四川龙、云南龙、三巴龙和中国龙被命名。

→随处可得的"石头"，让沙湾村村民普遍使用这种"龙骨油灯"照明。

发现中国恐龙大事年表

1931 ～ 1940 年			1941 ～ 1950 年
1937 年 地质学家、古生物学家卞美年和技师王存义在云南禄丰县发现"龙骨油灯"并展开调查，之后采集到 40 余箱化石，禄丰龙就此被发现。	**1938~1939 年** 杨钟健与卞美年、王存义在云南禄丰县调查，发掘出"禄丰蜥龙动物群"。	**1940 年** 有"中国石油之父"之称的著名地质学家孙健初，在甘肃永靖海石湾地区发现侏罗纪时期的马门溪龙化石。	**1941 年** 禄丰龙成为中国有史以来第一具装架复原的标本，在重庆北碚的地质调查所公之于世。 杨钟健出版了《许氏禄丰龙》一书，这是中国人研究恐龙的第一本科学专著。

→合川马门溪龙

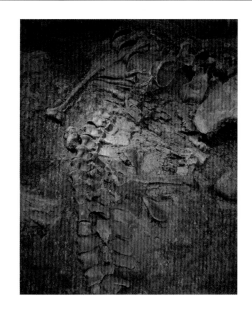

在云南禄丰县挖掘出的禄丰龙化石

← 禄丰是中国重要的史前恐龙化石发现
地，这里发掘出了数种知名恐龙化石。

"龙骨油灯"引出的禄丰龙

凭着对地质古生物学的敏感，卞美年觉察出了"龙骨油灯"的科学价值。长期以来，禄丰盆地的红色岩层一直被认为是新生代的沉积物，而非恐龙所在的中生代。卞美年希望能找到相应的化石，以便确定此地地层的准确年代。第二天，在沙湾村东北的一条冲沟中，王存义首先找到了化石，该化石是一串露出的颈椎，他判断这是一条较完整的动物化石，大约有骆驼大小，于是他们决定发掘。发掘工作进行了将近两个半月，采集化石 40 余箱——禄丰龙就这样出现在人们的视野之中。

中国第一具装架复原的恐龙

杨钟健研究了这批化石，1941 年春天，他撰写的《许氏禄丰龙》（*Lufengosaurus huenei*）一书出版，这是中国人研究恐龙的第一本科学专著。来自早侏罗世的禄丰龙是了解早期恐龙的极好标本，在当时引起了全世界的瞩目。1941 年 1 月 6 日至 8 日，禄丰龙骄傲地成为中国有史以来第一具装架复原的标本。

生活于禄丰盆地的恐龙

在禄丰盆地中，基干蜥脚型类是最占优势的恐龙类群，主要分为两个属，分别为禄丰龙和云南龙（*Yunnanosaurus*）。这些都是早侏罗世时期普遍存在的大型恐龙家族。

→云南禄丰县因为挖掘出的禄丰龙等化石而闻名于世。

1951 ～ 1960 年		1961 ～ 1970 年	

1950 年
中国科学院和苏联科学院联合组成了一支大型的古生物考察队，计划用 5 年时间纵贯中亚，考察并采集古生物化石。随后在 1959 年，考察队在二连浩特市东北方的依伦诺尔发掘到许多零碎残骸的鸭嘴龙类、小型兽脚类、甲龙类及陆龟化石。

1951 年
周明镇带领山东大学地质系学生，在山东莱阳发现保存相当完整的恐龙化石，经杨钟健研究，定名为棘鼻青岛龙。

1957 年
四川石油管理处地质调查处二分队在四川省合川县太和镇古楼山发现当时中国最大的恐龙化石，杨钟健完成了对化石的修理和研究，并命名为合川马门溪龙。

1963 年
中国古生物学家对准噶尔盆地、吐鲁番盆地进行了 3 年的考察，发现了著名的下白垩统乌尔禾翼龙——翼龙动物群，挖掘出完整的鹦鹉嘴龙和准噶尔翼龙。

1964~1968 年
1964 年，地质部石油局综合研究队在山东诸城龙骨涧发现了一根巨大的大型鸭嘴龙类胫骨。随后 4 年间，地质博物馆与地质研究所先后 4 次在龙骨涧发掘出 5 个大型鸭嘴龙的个体化石。

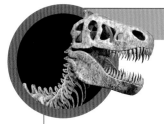

发现脖子最长的恐龙

中华人民共和国成立后，最先被挖掘出的大型恐龙是 1951 年由杨钟健命名的棘鼻青岛龙（*Tsintaosaurus spinorhinus*），它来自山东莱阳，是中华人民共和国成立后发现的第一具最完整的恐龙化石。然而，真正的大发现却来自四川。●

重庆合川的重大发现

1957 年初，四川石油管理局地质调查处的人员前往重庆合川进行石油与天然气勘探。就在太和镇古楼山，地质工人侯腾云突然发现红色的岩层中有一块白色的石块，这石块看起来和周围的岩层完全不一样，而且越看越像动物的骨骼，突然他大声喊了起来："快来看，这里有恐龙化石！"考察队长徐家仁观察后确定那确实是恐龙化石，就立即集结全组同事开始挖掘。挖掘工作持续到同年 5 月初，一具非常完整的恐龙化石骨架终于展现在人们面前。

→ 重庆合川发现完整恐龙化石骨架的消息很快传到了北京。随后，杨钟健完成了对化石的修复和研究，并命名为合川马门溪龙。

长脖子的合川马门溪龙

合川马门溪龙（*Mamenchisaurus hochuanensis*）完成装架后体长达 22 米，最亮眼的地方是其长长的脖子，是目前发现的颈部最长的恐龙。马门溪龙很快以亚洲最大的完整恐龙化石震惊世界，当时担任中国科学院院长的郭沫若还题词"合川马门溪龙是中国恐龙的骄傲"。此后，这只庞然大物在中国各地巡展，并于 1985 年远赴国外，开启了日本、意大利、新加坡等国的旅程。

发现中国恐龙大事年表

1971 ~ 1975 年		1976 ~ 1980 年	
1972 年 地质工程师黄建国和同事在大山铺北面的公路上发现了大山铺恐龙化石。河南省栾川县秋扒乡在修建小水库时，发掘出 5 枚硕大的恐龙牙齿和一些骨骼化石。这些牙齿经著名恐龙专家董枝明鉴定为暴龙类牙齿，这是中国第一次发现暴龙类化石。	**1974 年** 发掘四川自贡大山铺和伍家坝侏罗纪恐龙动物群，采集到了鱼类、鳄类、龟鳖类、翼龙、蛇颈类、恐龙和似哺乳爬行类的标本多达数万件，有上百具完整的骨骼化石。	**1974 年** 在豫西淅川、西峡等地白垩纪红层中发现恐龙蛋及骨骼化石。至 20 世纪 90 年代初，西峡等地发掘出数量巨大、类型多样、保存完好的恐龙蛋，轰动了全世界。	**1980 年** 董枝明命名太白华阳龙，华阳龙属于非常原始的剑龙类。

← 华阳龙

准噶尔盆地和吐鲁番盆地的考察

20世纪50年代末，中国科学院和苏联科学院联合组成了一支大型的古生物科考队，计划用5年时间纵贯中亚，考察并采集古生物化石，随后却因中苏关系恶化而结束合作。1963年，中国的古生物学家独自完成了这项计划，对准噶尔盆地、吐鲁番盆地进行了为期3年的考察。他们发现了著名的下白垩统乌尔禾鹦鹉嘴龙——翼龙动物群，并挖掘出了非常完整的鹦鹉嘴龙和准噶尔翼龙（*Dsungaripterus*）化石。

↑鹦鹉嘴龙头骨化石。

不是莱阳龙
而是青岛龙

1951年，"恐龙研究之父"杨钟健和山东大学地质系合作，在莱阳吕格庄镇金岗口村发掘出中国第一具最早、最完整的棘鼻恐龙化石骨架，并将其命名为青岛龙。依照恐龙命名的惯例，既然是在莱阳发现的恐龙就应该取名莱阳龙才是，为何命名为青岛龙？原来在挖掘过程中，杨钟健的主要研究工作都在青岛进行，此外，首先发现化石的是山东大学的周明镇博士和他指导的学生，而当时山东大学又位于青岛，为了纪念他们的功劳，因此选用"青岛龙"这一名称。

↓由于青岛龙头上有棘鼻，所以全名称为棘鼻青岛龙。

1981 ~ 1985年

1981年
在日本福冈举行中国恐龙展览，包括自贡恐龙化石在内的中国恐龙化石第一次走出国门。

1983年
董枝明首先提出一个名为中侏罗世蜀龙动物群的恐龙动物群，主要分布于四川盆地的新田沟组、下沙溪庙组和西藏昌都地区的察雅群地层中。

1986年
4月，中加恐龙考察计划（CCDP）启动，计划1986~1990年在内蒙古、新疆、北极区等地考察。

1986 ~ 1990年

1987年
中国第一座恐龙田野博物馆——自贡恐龙博物馆在大山铺建成。

1988年
辽宁朝阳县胜利乡发现了鸟化石，引起古生物学家的高度重视。

1990年
周忠和院士等在辽宁朝阳波罗赤九佛堂组发现燕都华夏鸟，进一步揭开了辽西热河生物群脊椎动物化石一系列重大发现的序幕。

自贡的大发现

"松下问童子，言师采龙去，不在此山中，去到自贡市。" 1975 年，年近 80 岁高龄的杨钟健先生考察了四川自贡后，作了这首诗。自贡市地处四川盆地南部，从 1915 年至现在的一百多年间，已发现化石埋藏点百余处，其中，最著名的恐龙化石产地是大山铺。

大山铺的"恐龙公墓"

1972 年，地质工程师黄建国和同事在大山铺北面的公路处发现了大山铺恐龙化石点。1979 年，中国科学院古脊椎动物与古人类研究所的董枝明带队入川调查了大山铺化石点，罕见的"恐龙公墓"就此现身。学者们从这一名副其实的"恐龙公墓"里发现了一批恐龙新属种，其中有世界上最早、最完整的剑龙——华阳龙（*Huayangosaurus*），有长着尾锤构造的蜥脚类——蜀龙（*Shunosaurus*）和峨眉龙（*Omeisaurus*）等。大山铺的恐龙化石不仅数量多，而且都来自当时还极少被了解的中侏罗世，成为至今世界上发现化石门类最多、化石保存最好的中侏罗世恐龙化石产地，填补了恐龙进化的缺环。

↓大山铺经过 3 年的发掘，采集到了鱼类、鳄类、龟鳖类、翼龙、蛇颈龙、恐龙和似哺乳爬行类化石，标本多达数万件，完整的骨骼化石达上百具。

↘原始剑龙——太白华阳龙。

发现中国恐龙大事年表

1991 ～ 1995 年			1996 ～ 2000 年	
1992 年	**1993 年**	**1995 年**	**1996 年**	**1997 年**
关于在辽西热河生物群发现鸟类的两篇论文分别在《科学》和《科学通报》上发表，热河生物群研究开始引起国内外关注。	何信禄、董枝明等学者完成的《四川自贡大山铺中侏罗世恐龙动物群研究》获国家自然科学奖二等奖。	禄丰县川街乡老长菁村的农民罗家有在自家承包的土地上，用锄头敲开了一个恐龙大坟场。中侏罗世川街恐龙遗址现身。	季强和姬书安在《中国地质》杂志上发表文章，记述了挖掘自辽宁北票四合屯村的带"毛"恐龙化石，并取名为原始中华龙鸟，再次掀起了鸟类起源议题。 中华龙鸟	山东诸城恐龙博物馆建成开放。 美国费城科学院组成"梦之队"——一个在鸟与恐龙研究领域具有国际权威的专家代表团，来中国进行考察。

走出国门的中国恐龙

1981年，在日本福冈举行的中国恐龙展览上，连同自贡恐龙化石在内的中国恐龙化石第一次走出国门。在此之前，大多数日本人只在《恐龙特急克塞号》中见过橡胶恐龙模型，他们争先恐后地涌入展览馆，目睹真正的恐龙化石，就连昭和天皇也在晚上悄悄地来到会场，对恐龙大道神奇。

↑四川自贡翼龙化石。

自贡恐龙博物馆

对于普通中国人来说，自贡恐龙化石的发现使得"恐龙"这个名词变得不再陌生。1987年，在大山铺建成了中国第一座恐龙田野博物馆——自贡恐龙博物馆，也是亚洲第一座恐龙田野博物馆。自贡恐龙博物馆和美国犹他州的国家恐龙纪念遗址馆、加拿大艾伯塔省的省立恐龙公园，并称全世界三大最精致、现址埋藏的展示场。

↑↑四川自贡恐龙博物馆内部与外观场景，馆内有丰富的馆藏及化石点现场实景。

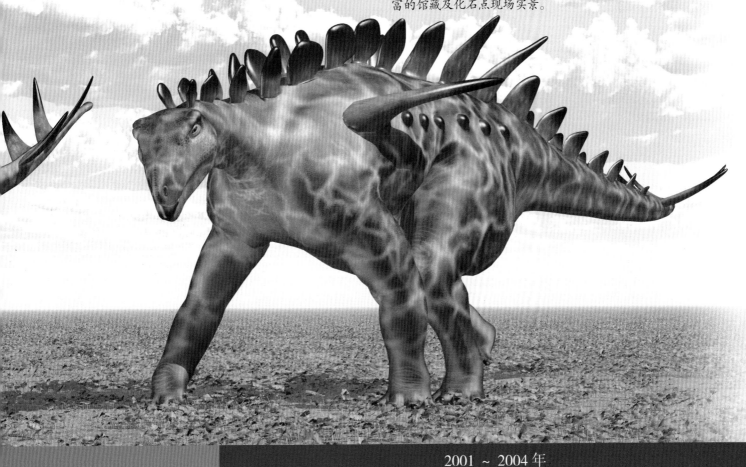

2001 ～ 2004 年

1998 年
陈丕基、董枝明等学者发表论文，认为中华龙鸟属于带原始羽毛的兽脚类恐龙，而不是最初认为的鸟类，该发现引起国内外学术界的强烈反响，使鸟类起源和热河生物群研究进一步深入。

1999 年
"辽宁古盗鸟"假化石事件爆发。

2003 年
辽宁省大平房镇九佛堂组地层发现了一件小型带羽毛树栖性恐龙化石，徐星等学者将其命名为顾氏小盗龙。这是世界上发现的第一只拥有4个翅膀的动物。

2004 年
山东天宇博物馆在山东省平邑县建成开放，这是目前世界上最大的自然地质博物馆，馆藏的恐龙化石极其丰富。

2004 年
徐星等学者将一只呈蜷缩睡眠姿态的小型恐龙命名为寐龙，这是人们首次意识到一些恐龙的睡眠姿态与鸟类相似。

2004 年
孟庆金等学者发现了被一同埋葬的34只小鹦鹉嘴龙和一只大鹦鹉嘴龙，这可能是一个恐龙养育后代的清晰证据。

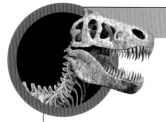

羽毛改变了一切

时 间来到 1995 年，全世界的古生物学者都聚集到北京，参加第六届国际中生代陆相生态系大会，此时的中国尚未表现出世界恐龙第一大国的态势。然而，一年之后，让世人惊艳的大发掘爆发了，这个起爆点就在中国辽宁。●

一块带"毛"的恐龙化石

　　1996 年 8 月 12 日，中国地质博物馆馆长季强办公室的门突然被打开，进来一个农民。就是这个农民的到来，把中国恐龙研究推上世界恐龙研究的前沿。这个农民神秘地打开一个布包，露出一块大小约 70 厘米 ×50 厘米的石头。这块来自辽宁北票四合屯村西边小山岗的石头上，有着一个清晰、漂亮的恐龙造型，它昂着头，尾巴翘起，后腿蹬着，不可思议的是，它还长着一圈毛茸茸的"毛"。季强刚从德国留学归国不久，求学期间曾无数次目睹闻名全球的古生物界的"圣杯"——始祖鸟（*Archaeopteryx*）。于是，他果断地收藏了这块化石。

再掀鸟类起源议题

　　1996 年 10 月，季强和姬书安在《中国地质》杂志上发表论文，记述了这块漂亮的恐龙化石，并取了个很响亮的名字——原始中华龙鸟（*Sinosauropteryx prima*）。自始祖鸟发现之后，生物学家关于鸟类的起源以及鸟与恐龙的关系，已经争论了上百年。中华龙鸟的出现让恐龙学者欣喜若狂，再次掀起当今生物进化领域的一大热点话题——鸟类的起源。

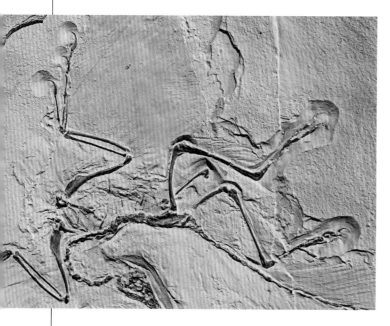

← 始祖鸟被公认为鸟类祖先形态，大约生活在 1.5 亿年前，其完整化石全球仅存数件。

发现中国恐龙大事年表

2001 ～ 2005 年　　　　　　　　　　　**2006 ～ 2010 年**

2005 年
　　在中国辽宁省西部地区发现，一种哺乳类的强壮爬兽，中国和美国科学家在其胃中找到了一具鹦鹉嘴龙幼崽骨骼，这改变了以往人们认为的恐龙时代哺乳类都极为弱势的印象。

2007 年
　　徐星等学者发现并命名二连巨盗龙，这是世界上最大的窃蛋龙类，也是最大的似鸟恐龙化石。

2008 年
　　山东诸城白垩纪恐龙化石群第三次大规模发掘启动。尤海鲁等学者研究并命名了孔子天宇龙，天宇龙最大的特点在于：它是鸟臀类恐龙，却长有毛状物。

2009 年
　　徐星等学者研究了一种小型的有羽毛恐龙，并命名为赫氏近鸟龙。这种恐龙生活在中晚侏罗世，是目前已知最早的有羽毛兽脚类恐龙。

↑ 近鸟龙

2010 年
　　张福成等学者在热河生物群的鸟类和带"毛"恐龙中发现了两种黑色素体，首次证明生活在 1.25 亿年前的一些古鸟类和带"毛"的恐龙均具有"色彩斑斓"的基础。

是"羽"还是"毛"

1997年3月，美国费城科学院组成一支在研究鸟与恐龙领域具有国际权威的专家代表团"梦之队"，前来中国进行考察。梦之队的专家认为，这些"毛"可能是前羽的某种类型，是羽毛的一种原始形态。

正在人们争论这衍生物是"羽"还是"毛"的时候，季强又得到了两块有羽毛的恐龙化石——著名的尾羽龙（Caudipteryx）和原始祖鸟（Protarchaeopteryx）。这是人们第一次看到带羽毛的恐龙，其羽毛有了羽轴和羽枝。原始祖鸟和尾羽龙的发现在鸟类起源研究上的意义远超过中华龙鸟。它们是鸟还是龙？鸟、龙之间的界限变得更加模糊，羽毛已经不再是鸟纲的特有标记和专利了。

开启崭新的国际合作模式

此后，人们在辽宁西部、河北北部和内蒙古东南部的中生代地层中，发现了大量保存精美的带羽毛恐龙以及古鸟类化石，这些珍贵的化石将中国推向古生物学研究的最前列。

对年轻一代的中国古生物学家来说，这些发现不仅提供了历史的契机，也提供了崭新的国际合作模式，使他们平等互利地与西方学者携手研究。西方的专家漂洋过海赶赴北京，一睹最新的重大发现。《自然》杂志在一篇介绍中国古生物学的文章中评价道："在21世纪初，中国既拥有最好的古生物学家，又拥有最好的化石。"

↙始祖鸟身上既有古代爬行动物的特征，又有与现代鸟类相同的特征，补上了从爬行动物到鸟类进化的关键一环。始祖鸟的发现是古生物研究史上最令人瞩目的成就之一。

2011 ～ 2015 年

2016 年至今

2012 年
徐星等学者命名世界上首只带"毛"的大型暴龙类——华丽羽王龙。这也是热河生物群迄今为止发现的体型最大的恐龙之一。

2013 年
中国的科学家和海外同行一起，发现了禄丰龙胚胎化石。研究表明，这些大型恐龙的孵化时间很短，它们在蛋内的生长速度非常快，在蛋内孵化期间，它们的骨骼就已经为蛋外的危险生活做好了准备。

2015 年
徐星等学者首次发现具有翼膜翅膀的小型树栖恐龙，并命名其为奇翼龙。

2016 年
邢立达等学者系统整理了中华人民共和国成立以来中国西南白垩纪恐龙及其他四足动物足迹发现，该成果揭示了该地区白垩纪恐龙动物群的组成和演化，弥补了缺乏对应化石记录的遗憾。

2016 年
甘肃农业大学（前身为国立兽医学院）成立古脊椎动物研究所，成为西北地区中生代古脊椎动物化石的研究与收藏中心。2002年以来，以李大庆为首的团队已经在甘肃三个中生代盆地发现了兰州龙、黎明角龙、黄河巨龙、肃州龙、大夏巨龙、雄关龙、北山龙、金塔龙、桥湾龙、叙五龙、洮河龙等恐龙，使甘肃成为世界恐龙学研究的重要地区。

23

中国的恐龙学家

中国恐龙化石研究最早可以追溯到 20 世纪初俄国人在黑龙江流域组织的野外考察和发掘活动，屈指算来，已有近百年的历史，一批中国科学家在研究中做出了卓越的贡献。●

杨钟健——中国化石研究奠基人

杨钟健是中国恐龙化石研究的奠基人。在他的努力之下，中国恐龙学从无到有，逐渐走向成熟。他涉猎方向广泛，从恐龙骨骼化石到恐龙蛋和足迹化石都有著述，他最重要的成果是 20 世纪 40 年代开始的对云南早侏罗世禄丰恐龙动物群的研究。

董枝明——发现恐龙新物种最多的学者之一

中华人民共和国成立后的一段时间中，恐龙研究者的代表人物是中国科学院古脊椎动物与古人类研究所的赵喜进和董枝明等。赵喜进领导了新疆准噶尔盆地、青藏高原等地的野外考察，采集了大量的恐龙化石。

董枝明的研究几乎覆盖了整个中国。截至 2006 年，董枝明命名的被认为有效的恐龙物种约 27 种，成为整个恐龙研究史上发现恐龙新种最多的学者之一，为恐龙分类学做出了巨大贡献。

徐星——新时期恐龙研究代表人物

改革开放时期，热河群恐龙成为最令人瞩目的研究对象，这些化石的发现催生出了中科院古脊椎动物与古人类研究所张弥曼院士、周忠和院士领导的"辽西队"以及中国地质科学院的季强团队。其中，季强团队发现了世界第一只带"毛"恐龙——中华龙鸟。"辽西队"中的徐星则发现了小盗龙、近鸟龙等代表了恐龙向鸟演化的关键标本，使得恐龙与鸟的关系变得非常明朗。

徐星是新时期恐龙研究的代表性人物，他的足迹遍布东北、内蒙古、新疆、山东等地，与国内外学者一起取得了一系列重要成果，命名恐龙新属种 30 余种，这些成果很多都发表在世界一流的学术刊物上，在东西方都产生了很大的影响。

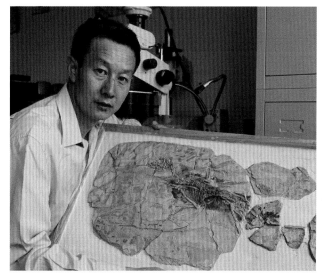

↑徐星

李建军、李日辉、赵资奎——恐龙足迹、恐龙蛋研究代表

山东、广西、甘肃、内蒙古、浙江、四川等地也有诸多优秀学者投入恐龙的研究中，并取得了重要成果。恐龙足迹的工作成果主要由北京自然博物馆的甄朔南、李建军、山东青岛海洋地质研究所的李日辉和中国地质大学（北京）的邢立达取得，而恐龙蛋研究则是由中科院古脊椎动物与古人类研究所的赵资奎、张蜀康、王强等学者支撑起来的。

恐龙化石的挖掘现场。对恐龙研究学者来说，发现恐龙化石是一件令人兴奋的事情。不过，现场的挖掘工作也非常辛苦。

↑甄朔南

● 中华盗龙

龙在神州——中国八大著名恐龙产地

东起三面环海的山东半岛，西达白雪皑皑的天山之巅，北自内蒙古的戈壁荒漠与黑龙江的白山黑水，南到动植物王国的彩云之南与富庶的广东，在无比辽阔的华夏大地上，恐龙已被证实曾生活于中国绝大多数省份与地区。而其中那些跨区域的大型盆地，沉积往往厚达数千米，如四川盆地、陕甘宁盆地、准噶尔盆地、松辽盆地等，恰恰是恐龙时代遗留下来的陆相沉积岩层。这些盆地含有丰富的恐龙化石，成为我们了解恐龙演化史的有利背景。

云南　禄丰——恐龙故乡

位于云南省昆明市西北地区的禄丰县是中国恐龙的故乡，中国已知最古老的恐龙即发现于此，而首个由中国组装完成的恐龙骨架也屹立在这里。

禄丰盆地是一个小型的内陆盆地，盆地中沉积了厚达 1000 米的陆相沉积岩石，而恐龙化石都挖掘自禄丰组岩层中，这些恐龙被称为"环古地中海恐龙动物群"，又称"基干蜥脚型类——禄丰龙动物群"。该动物群主要分布于中国南方大陆，除了禄丰还有易门盆地、四川的威远盆地，以及贵州的大方盆地。

在禄丰盆地中，基干蜥脚型类是最占优势的恐龙族群，主要为两个属，分别为禄丰龙和云南龙。这些都是晚三叠世至早侏罗世普遍存在的大型恐龙家族。

● 禄丰龙

● 云南龙

侏罗纪时期的气候虽然还是很温暖但已经没那么热了，还经常下雨，气候潮湿许多，植物更加浓密，也出现了球果。恐龙的种类多了许多，甚至成为陆上霸主，而昆虫也大量繁衍。

时间来到 1.45 亿年到 6600 万年前的白垩纪，气候整体依然比较温暖，可能某些地区局部较冷，但两极并没有冰盖的迹象。乍看之下，白垩纪和侏罗纪的生态环境似乎没有太大差异，到处都是高大的针叶树和铺满地面的蕨类植物，但实际上，这时地球上已经有了花朵的踪影，告别了全绿时代，白垩纪成为百花齐放的缤纷世界。访花昆虫也首度现身，丰盈的食物喂养了更多生物，但彼此之间的竞争也愈发激烈。为了适应艰险的环境，恐龙也演化出更加发达的角、盔甲等保护装备和攻击武器。

只是，好日子只持续到白垩纪。在白垩纪末期，地球迎来了一次大灭绝，繁盛的恐龙一族也无法逃过劫难，与其他许多生物一起，在这次事件中灭绝。

录）。而地质学家又
分为古生代、中生代
年前到 6600 万年前

代的三个阶段。三叠
叠纪的初期恐龙才开
地方的气温都维持在
花也不见草，主要有
，这时的恐龙种类并
蟑螂和鳄鱼等动物。

前，与三叠纪相比，

白垩纪时期的地球

到了白垩纪，古大陆继续分裂，白垩纪末期时分裂得愈为彻底，而这些分裂的陆块位置已经和现在差不多。这时海平面也不断升高，海水灌入每一条缝隙，淹没低洼地区，北美大陆和北部非洲都被海水一分为二，欧洲和亚洲变成汪洋中的一大片群岛。一座座北美洲和欧洲的巨大山脉也拔地而起。

地球这块超级大
水灌入裂谷，形
为亚古陆"和南
为"古地中海"

白垩纪
1 亿 4 千万年前 ~ 6600 万年前

新生代
6600 万年前 ~ 现在

恐龙家族
生活的时间

三叠纪

皮萨诺龙

侏罗纪

白垩纪

剑龙类

大部分剑龙类在侏罗纪末期就已经消失了。

除鸟类以外的恐龙在白垩纪末期已经全部灭绝。

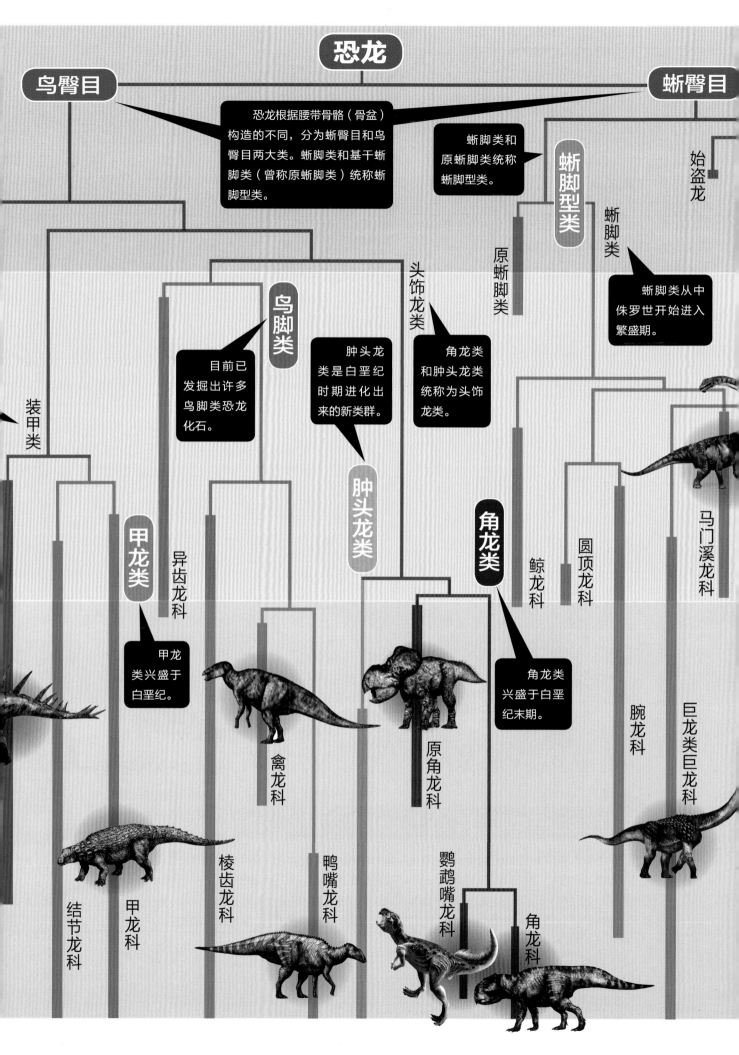

恐龙

鸟臀目

蜥臀目

恐龙根据腰带骨骼（骨盆）构造的不同，分为蜥臀目和鸟臀目两大类。蜥脚类和基干蜥脚类（曾称原蜥脚类）统称蜥脚型类。

蜥脚类和原蜥脚类统称蜥脚型类。

蜥脚型类

始盗龙

蜥脚类

蜥脚类从中侏罗世开始进入繁盛期。

原蜥脚类

鸟脚类

头饰龙类

目前已发掘出许多鸟脚类恐龙化石。

肿头龙类是白垩纪时期进化出来的新类群。

角龙类和肿头龙类统称为头饰龙类。

装甲类

肿头龙类

角龙类

圆顶龙科

马门溪龙科

甲龙类

异齿龙科

鲸龙科

甲龙类兴盛于白垩纪。

角龙类兴盛于白垩纪末期。

禽龙科

原角龙科

腕龙科

巨龙类巨龙科

结节龙科

甲龙科

棱齿龙科

鸭嘴龙科

鹦鹉嘴龙科

角龙科

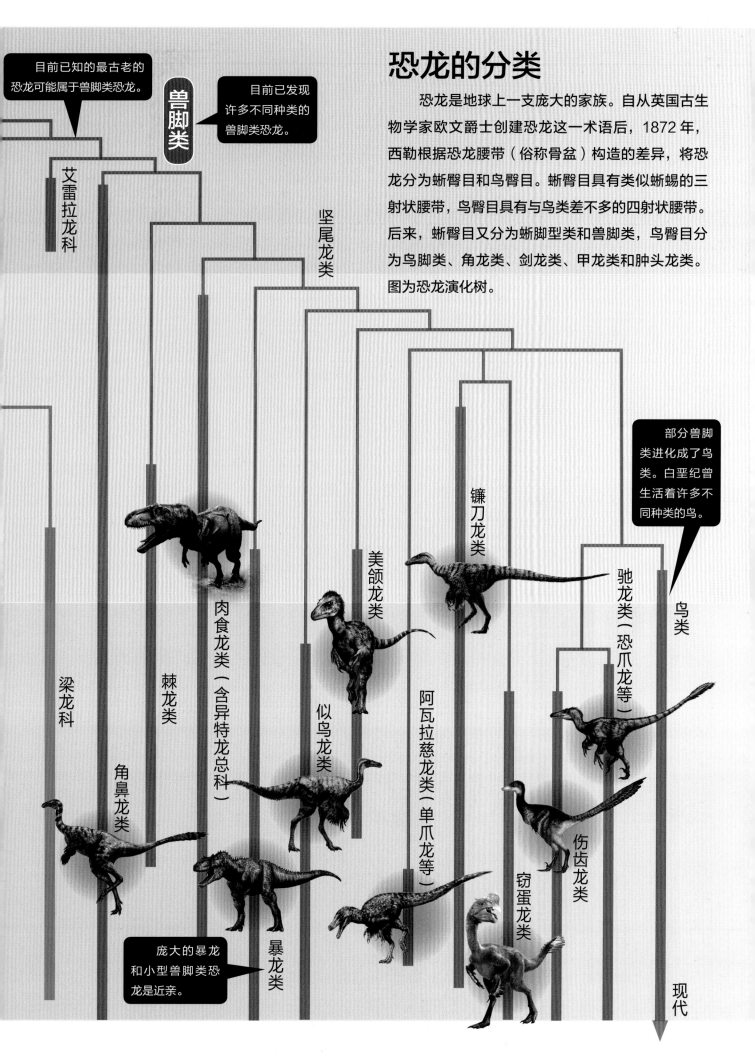

恐龙的分类

恐龙是地球上一支庞大的家族。自从英国古生物学家欧文爵士创建恐龙这一术语后，1872年，西勒根据恐龙腰带（俗称骨盆）构造的差异，将恐龙分为蜥臀目和鸟臀目。蜥臀目具有类似蜥蜴的三射状腰带，鸟臀目具有与鸟类差不多的四射状腰带。后来，蜥臀目又分为蜥脚型类和兽脚类，鸟臀目分为鸟脚类、角龙类、剑龙类、甲龙类和肿头龙类。图为恐龙演化树。

目前已知的最古老的恐龙可能属于兽脚类恐龙。

兽脚类

目前已发现许多不同种类的兽脚类恐龙。

部分兽脚类进化成了鸟类。白垩纪曾生活着许多不同种类的鸟。

庞大的暴龙和小型兽脚类恐龙是近亲。

艾雷拉龙科

坚尾龙类

梁龙科

角鼻龙类

棘龙类

肉食龙类（含异特龙总科）

暴龙类

似鸟龙类

美颌龙类

阿瓦拉慈龙类（单爪龙等）

镰刀龙类

窃蛋龙类

伤齿龙类

驰龙类（恐爪龙等）

鸟类

现代

恐龙和它的
三个时代

恐龙出现在距今 2.3 亿年前的中生代晚三叠世，直到 6600 万年前的晚白垩世灭绝，共经历了 1.6 亿多年的时间，如此长的时间使它们成为地球上生活过的最成功的物种。恐龙是生活在陆地上的爬行动物，而同时代的翼龙、海龙等则占据着天空与海洋，它们是恐龙的远亲近邻。

什么是恐龙

恐龙是一个极为庞大的家族，它们约有 800 属，数千种，而这可能还不到其全部属数的 1/2，但人们直到 19 世纪才认识恐龙。●

最早命名的恐龙

1824 年，英国矿物学家巴克兰根据一些脊椎动物的骨骼命名了巨齿龙。他说："它既不是鳄鱼，也不是蜥蜴，它身长 10 米以上，远比一般的蜥蜴巨大，体积相当于一头 2.13 米高的大象。"人们被深深地震撼了，这就是最早命名的恐龙。

最早被发现的恐龙

其实，早在 1822 年 3 月，住在英国刘易斯小镇的曼特尔医生夫妇就在英格兰南部萨塞克斯新劈开的公路内侧岩层里采集到了恐龙的牙齿和骨骼化石，这是最早被发现的恐龙——禽龙。

↑ 禽龙

"非常巨大的蜥蜴"

在曼特尔和巴克兰的研究之后，恐龙的神秘面纱开始被揭开。1841年7月30日，英国古生物学家欧文爵士在普利茅斯的一次演讲中，把这些奇怪的动物命名为"dinosauria"，并在1842年首次写入《英国化石爬行动物》一书。这个名词的原意来自希腊文 *"deinos"*（巨大、恐怖的）和 *"Sauros"*（类似于蜥蜴的爬行动物），欧文还在论文中加了一个注脚，英文是"fearfully great a lizard"（非常巨大的蜥蜴）。

↙活跃于中生代的恐龙是一个庞大的家族，依食性可分为肉食、杂食和植食。图中的暴龙生活于白垩纪，是一种凶猛的肉食恐龙，它们位于食物链的顶端，是陆地上的霸主。
（图片来源：东方IC）

"恐龙"之名

"dinosauria"这个词很快传播到全世界。在东方，日本人最早接触到这个词，最初有"恐竜"与"恐蜥"两种翻译。这两派的领头人分别是东京帝国大学理学部的学者横山又次郎和饭岛魁。19世纪末，他们二人从德国留学归国，之后都专注于古生物学的研究。关于恐龙命名的争论直到"第二次世界大战"后才彻底结束，静冈大学文学部的学者荒川纮在《竜的起源》等著作中认为："蜥蜴太过于贫弱，竜更能给人心理上的震撼，所以恐龙的译法更合适。"而日文本来就是中国传过去的，对"竜"字刨根究底：龟氏为帝，则为帝龟，二字合文作"竜"，音："龙"。于是"竜""龙"便相互混淆。就这样，中国人把日文"恐竜"一词衍生为"恐龙"，恐龙之名就这样叫开了。

恐龙的定义

恐龙学发展到今天，恐龙已经远不是欧文眼中的恐龙，这个定义发生了本质的变化。首先，恐龙出现在距今2.3亿年前的中生代晚三叠世，直到6600万年前的晚白垩世灭绝，共经历了1.6亿多年的时间，如此长的时间使它们成为在地球上生活过的最成功的物种。其次，恐龙是生活在陆地上的爬行动物，而同时代的翼龙、海龙等则占据着天空与海洋，它们是恐龙的远亲近邻。根据分支系统的定义，恐龙的定义是：
三角龙、腕龙和现生鸟类的最近共同祖先，以及其最近共同祖先的所有后代。

↑翼龙是恐龙时代的天空霸主。

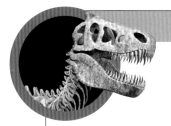

恐龙的黎明——三叠纪

"**它**是赤身裸体的小流氓，经常会猛然袭击一些猎物，然后将它们撕成碎片。"

——美国古生物学家塞瑞诺

　　三叠纪是恐龙时代的第一个纪元，开始于 2.5 亿年前至 2 亿年前，延续了约 5000 万年。晚三叠世，气候从干旱过渡为湿热，这时候，最早的恐龙出现了，就是塞瑞诺说的"小流氓"——始盗龙，它是最早、最原始的恐龙之一。●

"小流氓"——始盗龙

　　1993 年，始盗龙化石首次在南美洲的阿根廷被发现。它体长只有 1 米，头骨仅长 12 厘米，是一种靠后肢两脚行走的兽脚类恐龙。虽然始盗龙仍然和它的主龙老祖宗一样有五根指头，但是第五趾已经退化，第四趾也只是起一些辅助作用，站立时只依靠脚掌中间的三趾来支撑全身的重量。它的兽脚类子孙，例如，在科幻片《侏罗纪公园》里大出风头的暴龙，全都继承这些特征。基本与始盗龙同一时期出现的恐龙还有埃雷拉龙和南十字龙等，它们都生活在南美洲。

↙生活在三叠纪、有"小流氓"之称的始盗龙。和它生活在同一时代、同一区域的还有埃雷拉龙和南十字龙。

（图片来源：东方 IC）

有如野狼——北美洲的腔骨龙

生活在北美洲的是一群更加凶猛的肉食恐龙——腔骨龙。这是一种中小型的肉食恐龙。它们经常集结成小群体活动，很像今天的野狼。腔骨龙的主食是一些小型哺乳动物，也可能会袭击那些大型的植食恐龙。1972 年，爱德恩·柯伯特在邻近新墨西哥州的幽灵牧场发现了数百具腔骨龙遗体，发现的人认为，它们很可能是被暴雨引发的洪水掩埋。

植食恐龙之祖——皮萨诺龙

最早以植物为食的恐龙是皮萨诺龙，但是这一观点到目前还存在争议。这个时期最著名的植食恐龙要数欧洲的板龙，它的体长有 8 米，属于基干蜥脚型类，可能是侏罗纪蜥脚类恐龙的前身。

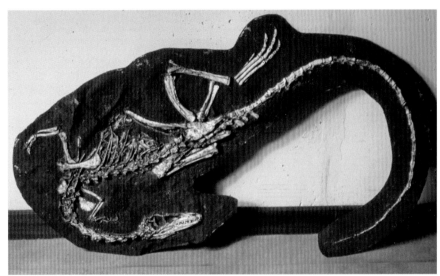

↑腔骨龙化石。体内藏有"小腔骨龙"的化石被发掘出来，引发了恐龙也有卵胎生的推测，但后来的研究表明这些小骨头只是它们吃下的小动物。
（图片来源：东方 IC）

卵胎生

卵胎生指的是"体内孵卵"的意思，也就是说动物将受精卵留在母体内，借由卵本身的卵黄质发育成幼体后再生出来。所以卵胎生动物的胚胎会受到母体适当的保护，孵化的存活率比卵生还要高。除了利用卵黄的养分外，受精卵发育时所需要的气体和水分，仍然依靠母体提供。常见的卵胎生动物有孔雀鱼和大肚鱼等。

→孔雀鱼是一种常见的卵胎生鱼类。

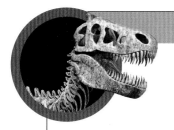

巨龙的国度——侏罗纪

"**当**一大群雷龙从远处走来时，一定是尘土蔽日，响声如雷！"

——美国古生物学家马什

侏罗纪是恐龙时代的第二个纪元，开始于距今2亿年前，结束于距今1.45亿年前，共经历了5500万年。在这一时期，恐龙终于成为陆地的统治者，翼龙和始祖鸟也开始出现。●

剑龙出现

在中侏罗世，剑龙类踏上了历史的舞台，最早出现的是中国四川的华阳龙，其最典型的特征是背部的骨板，从颈项到尾端依次排列，尾部末端还长有4个尖锐的尾刺，肩部则长着一对大型的棘刺。这个类别的代表是美国晚侏罗世的剑龙，其背部的骨板异常硕大，据推测，骨板具有防御攻击和调节温度的作用。

如吹气球般长大

这个时期的恐龙开始走向极端，植食恐龙像吹气球般疯狂变大。从侏罗纪体长18米的鲸龙，20米的峨眉龙、腕龙、圆顶龙，26米的马门溪龙、迷惑龙（雷龙），27米的川街龙、梁龙，50米的地震龙，到白垩纪体长12米的阿马加龙、萨尔塔龙，20米的巨龙，30米的波塞东龙，40米的阿根廷龙，一一数来，大得几乎让人失去对数字的感知。这些庞大的家伙就是我们熟知的长脖子、长尾巴的蜥脚类恐龙。从诞生之日起，这个类群就不断分化出多种形态，例如，峨眉龙演化出尾锤，阿马加龙的脖子上长着两排鬃形长棘，巨龙与萨尔塔龙则披上了一身骨质甲板。

←生活于晚侏罗世的剑龙，是一种植食性恐龙。背上的成排骨板是剑龙的主要特征。这些骨板也许具有散热作用，而尾巴上的尖刺则用来抵御敌人。（图片来源：东方IC）

蜥脚类恐龙的克星

在同一时期，蜥脚类恐龙的克星也随之而来，南极洲有头顶长着两个小角锥的冰脊龙，美洲有头上长着两道脊冠的双脊龙，亚洲有单脊龙、气龙、永川龙，还有遍布美洲、非洲、澳洲和亚洲的异特龙。这些外形大同小异的凶残猎手清一色的小手大脚，血盆大口里密布数十枚边缘带锯齿的牙齿，锋利且有倒钩。当它们群起绞杀蜥脚类恐龙时，场面一定很血腥。

↖头上长有两道脊冠的双脊龙，生活于侏罗纪时期。头上的脊冠应该是用来炫耀的。因为双脊龙的下巴显得有点薄弱，所以有人认为它不是一个高明的猎手。（图片来源：东方IC）

斜斜伸出的长脖子

通常人们对蜥脚类恐龙的猜测是：它们的头远远高出地面，可以与天鹅媲美的弯曲颈部几乎与地面垂直。然而实际上，绝大部分蜥脚类恐龙长着长长的颈肋，像石膏夹板一样将颈椎捆在一起，如果把长颈仰起来，并呈天鹅颈部的曲线状弯曲，那么在弯曲幅度较大的地方，尤其是颈的后部和中后部，颈肋就会刺穿颈部。所以，绝大部分蜥脚类恐龙的长脖子是不可能举得很高的，而是以低缓角度斜伸出去，最适合的斜角可能在 20° 左右。

◣ 腕龙是一种个子高高的蜥脚类恐龙，其身高可达20 米，比较特别的是它的前腿高于后腿，还长着长长的脖子，这是植食恐龙的特征，让它可以吃到高树上的叶子。（图片来源：东方 IC）

骨板的作用，是调节体温，还是防御攻击？

剑龙的骨板具有调节体温的作用，这个观点一直有争议。通过研究剑龙骨板的组织构造，人们发现，骨板是为了防御才演化出来的，它的结构与甲龙、乌龟、犰狳，甚至鱼的鳞片一样。现代犰狳身上覆盖着的铠甲是由许多细小的骨片构成的，每个骨片上都长着一层角质的鳞甲，作为抵御敌人的防护壳。就结构来说，犰狳这些细小的骨片与剑龙的骨板一模一样。

→ 剑龙背上骨板的最大作用是抵御敌人。

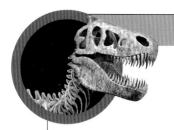

恐龙王朝的覆灭——白垩纪

"**无**论今后的研究结论如何，我们现在都可以说的是，许多恐龙是美丽的。"

——中国古鸟类专家周忠和院士

白垩纪是恐龙时代最后的纪元，始于距今 1.45 亿年前，结束于距今 6600 万年前，共经历了 7900 万年。恐龙在白垩纪达到全盛，其品种数量大于前两个纪元的总和。而古鸟类继续演化，被子植物在早白垩世兴起，地球终于告别了单调的绿色与棕色，开始有了万紫千红的缤纷色彩。●

恐龙披上羽毛

在这个开始显示出美丽的时代，最不甘寂寞的要数一些中小型的兽脚类恐龙。在中国辽宁省西部地区，继 1996 年首次发现带毛的恐龙后，从美颌龙类的中华龙鸟开始，到虚骨龙类的原始祖鸟、窃蛋龙类的尾羽龙、镰刀龙类的北票龙、驰龙类的中国鸟龙、小盗龙等恐龙陆续被发现，在它们当中，有些具有很原始的羽毛类型，如中华龙鸟，而尾羽龙和小盗龙等的羽毛已经和鸟羽非常相似。其中的驰龙类，可能代表着与鸟类关系最近的一类恐龙——想象一下，这些身长约 1.5 米的恐龙一旦身披彩羽腾空而起，该是多么绚丽动人！

栖息在树上

关于白垩纪的恐龙还有一些重要的发现，如树栖生活的树息龙、小盗龙和足羽龙，其中后两种恐龙的后肢上附着很长的羽毛，如同增添了两个翅膀，被世人称为"有 4 个翅膀的恐龙"。身长约 1.6 米、毛茸茸的帝龙则证明了暴龙类的祖先形态可能是小型的，后来才慢慢演化为 13 米长的暴龙。之后出现的暴龙，随着体型的增大和长出鳞片，羽毛就逐渐消失了。

↓站在树枝上正在准备捕食蜘蛛的耀龙，有着长长的尾羽。新的研究表明它的前肢很可能有翼膜。

← 图为行走的寐龙，它的睡姿习性和鸟类极
为相似。

如鸟般睡着

　　2004年发现的、保持着睡眠姿势的寐龙
也很有意思，它的后肢蜷缩于身下，头埋在一
条前肢下面，与现在鸟类的睡眠状态非常相似，
这是首次发现死前处于睡眠状态的恐龙化石。

↓伶盗龙，它曾经有个外号叫迅猛龙。

↙小盗龙，大约生活在早白垩世的现
在中国辽宁一带，是一种拥有四翼的
恐龙。它长得非常娇小，有如欧洲喜
鹊般大小。

兽脚类的远亲近邻

　　这些中小型的兽脚类恐龙在中国之外的远亲近邻，
包括挥着6个镰刀般爪子的镰刀龙，被误以为偷窃恐龙
蛋而蒙冤的窃蛋龙，还在《侏罗纪公园》三部曲中扬名
世界的伶盗龙、恐爪龙等。

灭绝之后的待解谜题

　　正当恐龙昂首阔步横行大陆之时，灾难突然降临。
在6600万年前的一场大浩劫中，除了其中一支
化为翼鸟存活下来之外，绝大多数恐龙在数十万年的时
间里缓慢灭绝。

　　其实，恐龙最令人着迷之处在于它们主宰地球的时间
长达将近两亿年！在如此长的时间里，恐龙留下了无数的
谜团：演化上大量的缺失环节，灭绝之谜，热血冷血之
争，羽毛起源之谜，飞行之谜……古生物学家正为此努力
研究，希望早日解开这些谜团。

白垩纪的恐龙大对决

在白垩纪，大型的兽脚类恐龙以"四大杀手"为代表，它们分别是暴龙、鲨齿龙、南方巨兽龙和棘龙，它们的体长能达到 12～17 米，甚至更大。它们不仅继承了侏罗纪肉食恐龙集团的全副衣钵，而且往更极端发展，如暴龙的牙齿每颗竟长达 20 厘米，而棘龙的背部则撑起一个骨帆，这张帆从棘骨上长出，由一连串长长的棘柱支撑。●

"四大杀手"的猎杀对象

沦为杀手食物的一般是鸟脚类恐龙，这也是一个极为庞大的类群，禽龙就是其中一员。最早的鸟脚类恐龙出现在早侏罗世的非洲，包括莱索托龙、畸齿龙等。鸟脚类恐龙都是群居生活，其中最著名的要数鸭嘴龙类。它们口中长着菱形的牙齿，数量多达 2000 多颗。这一类中有几种恐龙的外形都相当奇特，例如，头置长角号的副栉龙、头放扁平茶壶的赖氏龙、头插竖笛的青岛龙、头戴头盔的盔龙以及长有背帆的豪勇龙、会养育后代的慈母龙等。

白垩纪是暴龙、鲨齿龙、南方巨兽龙和棘龙"四大杀手"的猎场。图中弱肉强食的决斗画面在当时十分常见。（图片来源：东方 IC）

↓三角龙

角龙类的对抗

尽管"四大杀手"凶猛异常，但还是有那么几类植食恐龙顽强抵抗，其中最著名的要数角龙类。三角龙与暴龙决斗在诸多影视作品中早已是经典的场景，角龙类基本都是群居生活，有点类似现代非洲的野牛。它们的命名多因角的形态与数量而来，如小角龙、纤角龙、弱角龙、尖角龙、戟龙、短角龙、开角龙、牛角龙、独角龙、双角龙、三角龙和五角龙等。其共同的远亲可能是鹦鹉嘴龙、辽宁角龙之类，这是一些 1.5 米长、如大狗一般大的恐龙。

甲龙类的终极武器

在晚白垩世，甲龙类已经完全替代了剑龙类。甲龙的远亲，如肢龙、葡萄牙龙，在早侏罗世就已经出现，但直到白垩纪才得以繁荣。从自卫手段看，甲龙类已经使自己发展到了顶点。它们全身披挂坚实的骨板与利刺，其中的结节龙科没有尾锤，甲龙科则有。

→为了抵御"四大杀手"，白垩纪的甲龙类在背上发展出了骨板和利刺等自卫武器。（图片来源：东方 IC）

最后的斗士

最后的斗士是肿头龙类，这是一支全新的植食恐龙。它们的祖先形态是英国怀特岛早白垩世的雅尔龙。肿头龙类的鼎盛期是在晚白垩世。它们的脑袋上都覆盖着 20 厘米左右的厚骨板，脸部还装饰有骨质凸起的棘状物，面目狰狞。这种头颅构造有利于它们在抵御外敌或求偶搏斗中成为赢家。

↑肿头龙的头上覆盖了厚厚的骨板，脸上的骨质凸出物也让它看起来有点狰狞，这样的长相让它拥有抵御外敌和取得搏斗胜利的武器。（图片来源：东方 IC）

恐龙的一生

占据着整个中生代大陆的恐龙品种繁多，各种各样的恐龙都有自己的生活方式。它们的成长过程错综复杂，大致上可分为六个阶段：胚胎、发育、求偶、交配、生育和死亡。接下来就让我们根据化石提供的证据来了解各个细节，力求还原最真实的恐龙一生。●

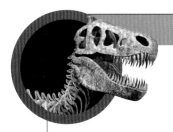

从胚胎开始

胚胎是生命的开始。恐龙是不是卵生？科学界一直存在这样的疑问。甚至有些科学家曾经因为在恐龙化石体内发现恐龙幼体骨骼，而怀疑恐龙是卵胎生的物种。那么恐龙到底是胎生、卵生还是卵胎生呢？●

石土豆？恐龙蛋？

1923 年，美国自然史博物馆第三次中亚古生物考察团再次出发到蒙古高原搜集化石。7 月 13 日下午，队员欧森在营地附近发现了世界上第一窝恐龙蛋化石，激动万分的欧森跑回营地，兴奋不已地对队长安德鲁斯说："恐龙蛋！恐龙蛋！"结果却被大伙嘲笑说他找到的是石土豆。第二天，在欧森的一再坚持下，安德鲁斯才前往化石地点，结果发现那些化石确实是恐龙蛋，由于在恐龙蛋附近发现了原角龙化石，便以为这些是原角龙的蛋，后来才知道是窃蛋龙的。这是一次里程碑式的发现，自此我们知道了恐龙确实是卵生的。

↑"喜当爹"的恐龙蛋"主人"原角龙。

↙没有独立生活能力的小恐龙，破壳后需要依赖父母的养护才能成长存活。图中的恐龙妈妈正仔细喂养着它的小宝宝，然而近几年有研究认为蜥脚类恐龙妈妈不会照顾小宝宝，所以真相到底如何，还有待科学上进一步认定。（图片来源：东方 IC）

到处发现恐龙蛋

　　欧森推倒了第一块多米诺骨牌，此后不久，古生物学家在世界各地发现了各种恐龙蛋，例如，在中国河南西峡、广东河源两地就发现了数万枚，但是含有胚胎的恐龙蛋却极为罕见。胚胎能告诉我们很多珍贵的信息，比如恐龙最初的发育状况、破壳后的活动能力等。目前各地已发现的恐龙胚胎仅有 10 多种，包括原角龙、窃蛋龙、大椎龙、慈母龙、亚冠龙和暴龙类等。

← 含有胚胎的恐龙化石是极为罕见的。（本图为复原模型）

↑ 自从第一窝恐龙蛋被发现后，人们在世界各地又陆续发现了各种恐龙蛋，尤其以中国的数量最为惊人。

独立生活 vs 双亲照顾

　　蛋中挑骨，骨中看龙。恐龙胚胎在破壳后有两种情况：一种是出壳后就有独立生活的能力，如窃蛋龙类；另一种是出壳后还需要双亲照顾一段时间，如鸭嘴龙类的慈母龙、亚冠龙和赖氏龙。判断小恐龙是不是能够独立生活，有学者认为主要看幼龙出壳时身上钙化软骨所占的比例。例如，慈母龙和亚冠龙的比例分别是 74% 与 72%，此外约有 10% 完全骨化，两种组织间的差距高达 7 倍，这就说明幼龙的骨骼关节还处于半发育状态，软绵绵的根本无法站立或跑动，只能依赖双亲养育，这时候的幼龙也毫无抵御天敌的能力，只能凭借运气走过生死之关。

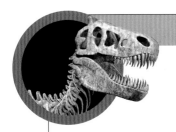

恐龙的成长

恐龙出壳之后就开始发育成长，而恐龙的生长速度并不是平均的，它在青春期膨胀得非常惊人，这可以从恐龙骨骼横切面那些类似年轮的构造看出。

如果有幸看到鸭嘴龙类的蛋，你一定会觉得恐龙时代真的很疯狂。你大概很难想象，一颗直径最多 25 厘米的恐龙蛋，居然能长出数十米长的大恐龙。这其中可举的例子太多，在这里就让我们来看看植食和肉食两大阵营的代表：梁龙和暴龙。

◣天生的猎手——暴龙。（图片来源：东方 IC）

不停捕猎的暴龙

位于生物链最顶端的暴龙从出生后就开始不停地捕猎，它的生长速度也相当惊人：十几岁的暴龙平均每年增长 767 千克，这样的生长速度能持续 4 年多的时间。胃口良好的暴龙在 14~18 岁期间能增加近 3 吨的体重，到成年时它的体重至少 5 吨。

梁龙的疯狂成长

梁龙的幼龙绝对是疯狂生长的典范：出壳时大约 1 米长，除去细长的尾巴和脖子，幼龙的躯体并没有多大；但第 1 年末，幼龙的长度就增加了 3 倍，体重可达 0.5 吨；第 3 年体长可达 10 米，体重增至 3 吨左右；第 10 年差不多成年后，体长可达 27 米，重 20 吨以上。此时的梁龙已经可以有效地保护自己了，所以发育速度开始减慢。实际上，如果真的如此发育，梁龙幼龙基本是不停嘴的，除了睡觉都在吃东西，它们的食物从地钱、石松、苔藓、蘑菇到大小蕨类，几乎无所不包。

不断地生长

许多爬行动物一生都是在持续成长的，年龄越大，体积越大，这些情况都反映在细胞的替换上。人类成年以后就停止成长，某些细胞死去后不再替换新生，而爬行动物却持续地替换细胞，也就是说，它们一直在生长着。所以现在零星发现的一些巨大化石，例如美洲发现的一个高达 2.4 米、约有一扇门那么大的蜥脚类脊椎化石，可能是某种已知蜥脚类的长寿版，并非什么新品种。

→ 和人类成长到某个阶段就会停止生长的情况不同，有些恐龙的成长是无期限的，也就是说年纪越大体积越大。也正因为如此，我们才会发现许多大得吓人的恐龙。（图片来源：东方 IC）

恐龙的危机意识

相对出壳后就独立生活的恐龙，需要被照顾的恐龙发育速度也一点不慢，比如一出生就被捧为"爪上明珠"的慈母龙，其大腿骨长度的变化大约是这样的：胚胎时 6 厘米，6 周时 20 厘米，1 岁半时 53 厘米，3 岁时 58 厘米，4 岁时 80 厘米。由此看来，那些群体活动、面对风风雨雨有父母帮忙的恐龙也有危机意识，要快速增高自身才能更好地保护自己。

↖ 虽然有父母呵护，但慈母龙的幼龙自出壳后仍然会快速成长，以应对危机四伏的环境。（图片来源：东方 IC）

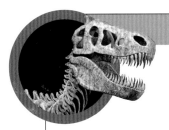

恐龙求偶记

恐龙成年后自然而然会进入"龙"生的下一个阶段——发情求偶。就像人类谈恋爱、结婚，进而产生下一代一样，恐龙也负有传宗接代的责任，那么亿万年前的恐龙是怎么谈恋爱的呢？它们都有独到的求爱仪式，极为有趣！

以脑袋决斗抢亲

肿头龙类就比较粗鲁，它们很可能是通过用厚重、装甲带刺的脑袋互殴来争夺异性，与现今山羊的求偶行为差不多。不过，最近有一份报告指出，肿头龙的脑袋不能相互撞击，否则会导致严重的脑震荡，它们应该是撞击对方的身体，这样效果更佳，也不容易致命。

→有着厚厚脑壳的肿头龙可能是用头部互斗的方式来抢夺异性。

梁龙长长尾巴的最佳作用是用来求偶。（图片来源：东方IC）

副栉龙的脊冠就像一件乐器，它发出的共鸣声可以在求偶季节为它赢得心上龙的芳心。（图片来源：东方IC）

利用"乐器"谈情说爱

鸭嘴龙类的雄性恐龙可能靠"乐器"来吸引雌龙。比如，副栉龙长有一个独特的脊冠，里面充满腔道，空气由鼻孔吸入，经过腔道到达肺部，就构成了一个呈管状的发声器。美国新墨西哥州自然史博物馆和山迪亚国家实验室的研究人员按照这个构造制作了一个脊冠的精确模型，吹奏时能产生非常奇特的共鸣声，像极了在阿尔卑斯山麓吹奏长角号的声音。这种声音不仅可以使副栉龙相互识别、预警，还可以在繁殖季节为"心上龙"吹上一段史前恋曲呢！

炫耀也是一种本领

角龙类，例如三角龙、五角龙和开角龙，应该也像肿头龙那样互撞，有点类似今天雄性麋鹿求偶时将角互锁撞击。此外，它们还有更重要的炫耀资本，那就是它们角后的盾板，高大的盾板很可能有着极为艳丽的色彩，就像雄性孔雀的尾巴那样用来吸引雌性的注意。

↑角龙的本事更大，既可如麋鹿般用头上的角打败情敌，也可如孔雀般展现艳丽的盾板吸引异性的目光。（图片来源：东方IC）

鞭打来的爱情

至于那些大块头、长脖子、长尾巴的蜥脚类，它们应该不会粗鲁地互撞，20世纪80年代后期，有一种观点认为这些离奇的尾巴可以用来求爱或者交流。比如梁龙有40~50个小尾椎，尾部最后2米的横截面宽仅32厘米，重量大约有2千克。研究人员通过计算机模拟研究显示，如果它们挥动尾巴，末端的速度可以超过音速，或许能够产生一些类似鞭子发出的啪啪声，但是声音要比鞭子发出的啪啪声大2000倍，而且科学家在它们尾巴的基部经常发现一些病理性的损伤，可能是繁殖季节或抵御天敌时用来抽打对方所致。

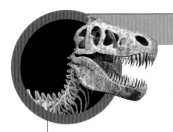

恐龙的交配

古生物学家，尤其是恐龙学家，还有世界各地博物馆的讲解员、保安，经常被问到有关恐龙生殖的问题，可见人们对于巨大恐龙的生殖模式有着很大的好奇心。不过直到今天，人类还没有发现过恐龙的生殖器化石，因此，所有关于恐龙交配的说法仅仅只是假设。●

↘ 大型兽脚类恐龙求偶和交配的推测意想图。

如同现今爬行类的生殖方式

同是爬行动物，我们推测恐龙的生殖方式应该与今天的爬行类差不多。雄性恐龙有一对生殖交接器，平时藏在尾巴基部。此外，有一类恐龙可能不通过有性生殖（交配受精的方式）产生下一代，这种生殖方式称为孤雌生殖或单性生殖。电影《侏罗纪公园》里面那句"生命自会寻找出路"就是这个意思。这类恐龙通常仅有单一性别，只要环境适宜，雌性恐龙的卵巢在进行减数分裂后染色体会倍增，形成具有双套染色体的卵。

↓ 同属于爬行类，也许恐龙的生殖方式可以从现今鳄鱼的身上去探索。图中两只鳄鱼正在交配。

向鸟类寻求答案

　　兽脚类中的一支，比如小盗龙，与鸟类关系极为密切，那么它们的交配方式可以从现在的鸟类身上寻找答案。鸟类是通过生殖器官的短暂接触进行交配的。参照鸟类，有的手盗龙类甚至可能是在空中完成交配的。

→企鹅交配。
（图片来源：东方IC）

→鸟类是从恐龙的一个分支演化而来的，因此，以现在鸟类的交配方式作为恐龙生殖模式的参考，也是合理的。
（图片来源：东方IC）

我们无法回答的问题

　　事实上，我们无法回答有关恐龙生殖的特定问题，因为软组织极难形成化石。曾经有报道说河源发现雄性恐龙生殖器化石，其实那只是一段指骨。到目前为止，人们还不知道恐龙生殖器官的真正构造，也全然无法了解两只80吨重的腕龙如何交配，反正它们就是以腕龙的方式完成了。

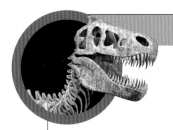

恐龙宝宝的诞生

恐龙时代没有录像，身处现代的我们当然无法得知恐龙妈妈是如何产下恐龙宝宝的。幸好人们找到了恐龙蛋巢遗迹，从中多少可以得知部分恐龙的生育方式以及恐龙蛋孵化的情况。●

卵生的恐龙

恐龙靠下蛋繁殖后代。在 1923 年欧森找到恐龙蛋之前，学术界有人认为恐龙是卵胎生的，否则他们无法想象恐龙蛋会是多么巨大。其实，恐龙蛋并不大，即便是最大的恐龙蛋，人们也可以轻松地抱起。那恐龙是如何下蛋的呢？因为恐龙种类繁多，不同种类的恐龙下蛋方式会有很大差异，甚至相同品种的恐龙身处不同地域也会有不同的下蛋方式。

↑恐龙蛋化石的出现终于让恐龙卵生的方式有了具体的证据。图为在河南发现的恐龙蛋化石。

↖不同种类的恐龙有各式各样的产卵方式。有的恐龙将卵产在事先筑好的巢中，有的恐龙则将卵产在沙中或泥土中。
（图片来源：东方 IC）

泥中下蛋，沙中产卵

伤齿龙是一种很聪明的恐龙。生活在北美的伤齿龙会把蛋产在刚干涸的湖底或沼泽地的湿润泥土里，靠输蛋管向下蠕动的力量轻松地把蛋深深地插入泥土中。而生活在中国的伤齿龙则会选择水边的沙土地作为下蛋地点，它们先用爪子在地上刨出一个坑，然后蹲坐下来使身子呈直立或半直立状态，将蛋产入松软的沙土中，然后再用沙土小心地把这些蛋埋起来。

← 如同海龟将蛋产在沙中一样，有些恐龙也会把蛋产在沙中。

如爬行类又似鸟类

窃蛋龙类的下蛋方式介于爬行类与鸟类之间。古生物学家在中国江西一具雌窃蛋龙的体腔内发现两颗保存完整的带壳蛋，证实窃蛋龙所属的兽脚类恐龙拥有双输蛋管的构造。这种构造介于现在的鳄鱼和鸟类之间。窃蛋龙类和鳄鱼一样拥有双输蛋管，但每条输蛋管一次只生一颗成熟蛋，这与仅有单输蛋管的现生鸟类很像。从这点可以看出，人们以前一厢情愿地拿爬行类或鸟类来模拟恐龙是一件很草率的事。

慈母龙的蛋巢

说到蛋巢，最典型的莫过于慈母龙所建造的。慈母龙的拉丁文学名为 *Maiasaura*，原意为慈祥的母亲。之所以如此，是因为它的化石旁边有一个近于碗状的土丘窝巢，窝巢中有 15 只幼年慈母龙，幼龙大约 1 个月大，它们的牙齿已磨损，说明母亲照料幼体，或者将食物带到巢内，或者带它们到巢外觅食再回到窝巢。

窃蛋龙——自然孵化的另一个假说

最近，窃蛋龙的自动孵蛋说遭到挑战，新理论认为，窃蛋龙会定期回到窝里，蹲伏在预先建造好的蛋巢中心，每次生出成对的蛋，并依 3、6、9 和 12 点钟的方位，排成多层环状序列，再用细沙覆盖，让炎热的白垩纪阳光将蛋自然孵化。

像鸡般孵蛋的窃蛋龙

除了自然孵化，学术界还有主动孵蛋的说法。证据是内蒙古发现的窃蛋龙骨骼趴在一窝恐龙蛋上面。像许多现代鸟类的巢穴那样，它身下的 22 颗蛋排成一个圆形，窃蛋龙将两条腿紧紧地蜷在身子的后部，这与现代鸡的孵蛋姿势完全一样。此外，它的两只前肢伸向后侧方向，呈现出护卫窝巢的姿势。

←窃蛋龙的产卵方式和鳄鱼有点雷同，但鳄鱼采用的是自然方式孵卵，而不是由母体覆卵孵化。（图片来源：东方 IC）

↘慈母龙采用自然的方式孵卵。它所建造的碗状蛋巢直径约 2 米，下面垫上泥土和碎石，蛋的上面盖了一些植物，用以保持一定的温度，让蛋自然孵化。（图片来源：东方 IC）

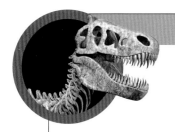

恐龙之死

和人类一样，恐龙也会死亡。但它们的死亡原因是什么呢？从保存下来的化石来看，只有极少数的恐龙是老死的，其余的基本都是因为生病、被咬、打架、中毒等而死，所以古生物学家很多时候需要充当侦探——在看起来平淡无奇的化石里，死因就像一条红线贯穿其中，古生物学家的责任就是找出真相。●

←通过对恐龙化石进行科学研究，我们不仅可以分辨恐龙的种类，甚至可以看出恐龙生病死亡的原因。例如藏在恐龙骨骼化石内的肿瘤，说明恐龙也会得癌症。图为两个明显融合的病变椎体。

恐龙也得癌症

鸭嘴龙会得癌症，美国俄亥俄州东北州立大学的研究人员在鸭嘴龙的骨骼内发现了肿瘤——97块鸭嘴龙骨骼中足足有 29 个肿瘤。这可能与当地针叶树木中富含致癌物质有关。总之，这些可怜的鸭嘴龙长期忍受着病痛的折磨。

暴龙"苏"的牙病

在暴龙"苏"（Sue）的大嘴里，我们可以看到一些不足 5 厘米的异常牙齿，它们已经扭曲，牙齿上的锯齿也磨平了，呈现出病态的黑灰色。这可能是"苏"的牙病，或者是牙床曾经受到重伤，比如被同类或者肿头龙顶了一下，导致牙齿畸形。"苏"发育晚期细密的生长线表明它已经完成了生长，著名的暴龙"苏"死在 28 岁那年。

←↓暴龙"苏"的骨头化石。从其口中牙齿呈现的状态可以看出可怜的它生前深受牙痛折磨。

恐龙妈妈中毒了

有的恐龙妈妈因微量元素中毒，而无法孵育恐龙蛋。古生物学家对河南西峡的恐龙蛋及蛋化石切片进行观察和分析后发现，很多蛋化石完整如初，表面没有丝毫裂痕，而且蛋里面也没有幼年的胚，说明这些蛋并没有孵化发育。古生物学家认为，导致这一现象的原因是恐龙妈妈体内的铱、锶等元素含量过高。

饿死的大奥

大奥（Big Al）是1991年发现的一具异特龙化石。它是一个未成年个体，完整度达到95%，长8米。其中19块骨头有损伤，或显示出疾病的痕迹。英国广播公司（BBC）还专门拍摄了《大奥传奇》。在这部片子中，古生物学家通过伤痕累累的化石还原了大奥的一生：雄性大奥在求偶中失败，被体型较大的雌性异特龙抛弃，后来，它在一次捕猎中不幸后腿骨折，这意味着伤好之前它无法捕猎，这足以致命，最终大奥饿死在沙滩上。

↓在自然界中，除了遭到捕食和天灾之外，恐龙相互间的打斗也是造成其死亡的重要原因。
（图片来源：东方IC）

恐龙探索

消失已有亿万年之久的恐龙，如何重新出现在人们的眼前？首先是靠骨骼化石，这些化石经过古生物学家的细心研究和还原，庞大、神秘、曾主宰地球上亿年的生物终于重现在人们眼前。其次，其他相关线索，例如恐龙足迹、恐龙蛋化石和粪化石，也可以让我们进一步了解恐龙的一生以及它们的生活环境。

恐龙足迹

"**根**据脚印，我们判断它体长约 6.5 米，属于兽脚类，正处于慢行状态，速度约每秒 5 米。"拿着地质锤的恐龙足迹鉴定专家说。

没错，你看到的就是足迹破案现场传回的报道！古生物学家正在详细地研究一枚兽脚类恐龙留下的足迹。而这些距今上亿年的足迹创造出了一门名叫"古足迹学"的新兴学科，那些遗留下来的史前幸运足迹是近年来古生物学家热衷研究的对象。

↑通过这一行行恐龙足迹，古生物学家可以判断这只恐龙的生活习性以及和周遭环境的关系。

既有化石何要足迹？

我们已经有了恐龙骨骼化石，为何还要研究足迹呢？其实，恐龙足迹具有骨骼化石所无法替代的作用，骨骼化石保存的仅仅是恐龙死后那些支离破碎的信息，而足迹保存的却是恐龙日常生活中的精彩一瞬！恐龙足迹不仅能反映恐龙的生活习性、行为方式，还能解释恐龙和它周边环境的关系，而这些正是古生物学家梦寐以求的宝贵信息！

霍皮人与龙足迹的邂逅

有趣的是，最早追踪恐龙足迹的并不是古生物学家，而是形形色色的古人。

古人的文明与认知远比我们想象的要深刻得多，早在认识恐龙之前，他们就已经认识了恐龙足迹。最早发现恐龙足迹的是一些原始部落，例如住在美国亚利桑那州东北部的霍皮人。霍皮人以精湛的旱地耕作技术、多姿多彩的仪式生活以及编织、制陶、纺织等精美工艺闻名。他们还喜欢跳蛇舞，跳舞时穿着蛇祭司特有的围裙，围裙上就画着三趾型的恐龙足迹。

会唱歌的石头

对足迹猎人来说，恐龙足迹就是会唱歌的石头。观察恐龙足迹可以了解很多信息，比如，恐龙是在奔跑、行走还是跳跃，究竟是群居还是独立行动。此外，恐龙足迹还可以让人们了解恐龙生活的环境和生态情况，例如古海岸线的位置与形状、水深和水流方向等。多数含恐龙足迹的岩石中通常缺乏恐龙骨骼化石，因此，恐龙足迹在解释恐龙动物群地层、古生态和古生物地理时空分布等方面就具有极大的作用。

蒙古牧民的"神鸟足迹"

在中国，聪明的古人也经常与恐龙足迹打交道。1979 年，中国沙漠研究所在内蒙古鄂托克旗查布地区发现了一批恐龙足迹，这是内蒙古查布地区恐龙足迹最早的科学记录。但扩大调查之后发现，这批足迹在 20 世纪 50 年代甚至更早，就已被当地牧民发现了。牧民把这些有如大鸟脚印的足迹称为"神鸟足迹"，认为它们是天上神鸟来到人间后留下的美好祝福。据统计，查布一带 500 多平方千米内的 8 个化石点分布了数以千计的足迹，其中兽脚类恐龙的足迹数量极多，为典型的三趾型，足迹长 58 厘米，爪痕清晰。三趾型足迹与爪痕是牧民将它视为"神鸟足迹"的主要原因。

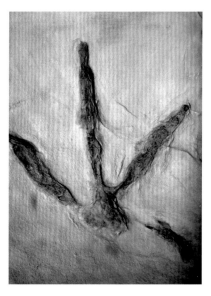

↑兽脚类恐龙留下来的足迹。兽脚类恐龙几乎都是两脚肉食动物，其中最著名的是暴龙。这样的脚印表明，兽脚类恐龙与大型肉食恐龙相比，能更快速地移动。（图片来源：东方 IC）

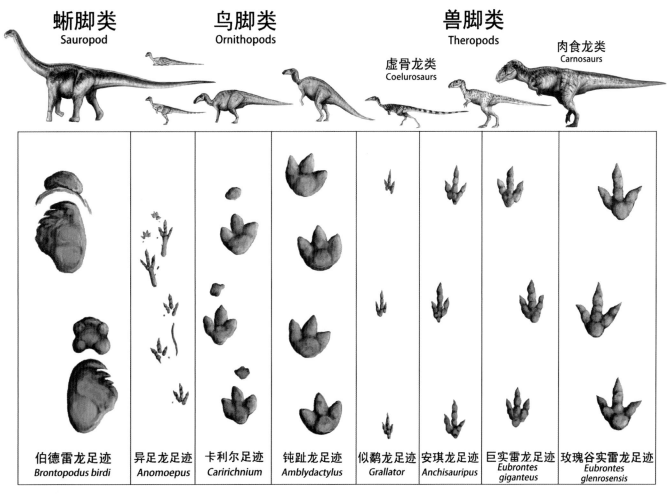

蜥脚类 Sauropod

鸟脚类 Ornithopods

兽脚类 Theropods

虚骨龙类 Coelurosaurs

肉食龙类 Carnosaurs

| 伯德雷龙足迹 *Brontopodus birdi* | 异足龙足迹 *Anomoepus* | 卡利尔足迹 *Caririchnium* | 钝趾龙足迹 *Amblydactylus* | 似鹬龙足迹 *Grallator* | 安琪龙足迹 *Anchisauripus* | 巨实雷龙足迹 *Eubrontes giganteus* | 玫瑰谷实雷龙足迹 *Eubrontes glenrosensis* |

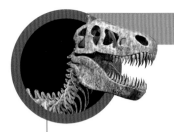

恐龙蛋化石

所有恐龙都以产卵的方式繁衍后代。科学家在最初发现恐龙化石的时候就坚信这一点，后来也确实找到了恐龙蛋化石。恐龙蛋的蛋壳一般都比较厚，最常见的大约有 2 厘米厚，但有些恐龙蛋壳可以厚达 7 厘米。在白垩纪后期，这些蛋壳有变薄的趋势，有人认为这和恐龙的灭绝有关。●

小山丘上的万枚恐龙蛋化石

在中国，不少地方都发现了恐龙化石，例如广东南雄、山东莱阳、河南西峡和江西萍乡等。以河南西峡为例，仅丹水镇一座小山丘上就蕴藏了超过 1 万枚恐龙蛋化石！这表明，当时这里至少是 500 只恐龙的繁殖地。

恐龙蛋化石的信息

目前，中国的恐龙蛋化石研究已经渐入佳境，能够揭示出很多关于恐龙的信息。

例如，出土的蛋窝里，恐龙蛋的排列方式可以反映出恐龙的产卵习性。有些蛋是两枚一组围绕着窝分层排列，有些是一枚一枚地按层紧密排列在一起，还有一些会分散地多层排列。这说明恐龙生蛋的情景是不一样的。有些恐龙会先刨出一个窝，然后屁股对着窝，围绕着窝产卵。由于恐龙有两个输卵管，一次可以生两枚蛋，当产卵一次后，会挪动一点接着产卵，当围绕着窝产卵时就产下了两个一组绕窝排列的蛋。有些恐龙则不会围着窝下蛋。

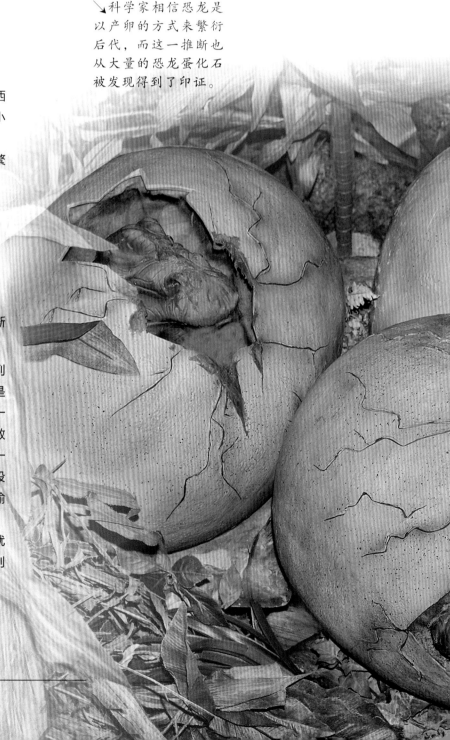

↘科学家相信恐龙是以产卵的方式来繁衍后代，而这一推断也从大量的恐龙蛋化石被发现得到了印证。

孵卵？护卵？

通过恐龙蛋化石，我们猜测有些恐龙有护卵的习性，比如窃蛋龙。窃蛋龙被发现时正趴在一个蛋窝上，它趴在上面做什么呢？原来蛋窝中间有一块空地，卵围绕着这块空地排列，很可能窃蛋龙是坐在这块空地上，伸出带毛的前肢和尾巴覆盖在蛋上面。它是在孵卵吗？也许。但是蛋窝显示，窃蛋龙的卵有很多层，如果只孵上层的卵，那么下层的卵怎么办呢？所以，很可能窃蛋龙的卵是自然孵化的，而它只是在护卵。

以量取胜

有些恐龙可能没有护卵的习性，特别是蜥脚类恐龙。它们个头很大，但是蛋却没有想象中那么巨大，一些小蜥脚类恐龙孵化出来时也许只有小狗那么大——很难想象这些小家伙之后能长得比大象还大。不过因为蛋小，它们就可以多生，用数量来弥补死亡带来的损失。所以，尽管长到巨大的体型需要历尽千难万苦，还是有一些恐龙能够长大成年的。

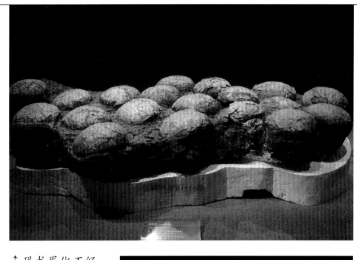

↑ 恐龙蛋化石经过很长时间才能形成，虽然已经石化，但依然包含了很多关于恐龙的信息。

↗ 根据恐龙蛋化石中的铱元素含量，科学家推测出恐龙灭绝的原因。（图片来源：东方 IC）

恐龙蛋化石中的灭绝信息

恐龙蛋化石能够揭示古环境信息，甚至是关于恐龙灭绝的信息。一般的观点是，大约在 6600 万年前，一颗小行星撞击了地球，撞击点在美洲，最终造成了恐龙的灭绝。其证据是铱元素含量的异常。铱元素在地表含量很低，而 6600 万年前地层中的铱元素含量却很丰富。小行星的铱元素含量也很丰富，因此，科学家认为天体撞击地球带来了铱元素。

在中国，科学家对不同地质年代的恐龙蛋分析后发现，晚白垩世的地层中铱元素含量发生了较大波动，时高时低，在排除了小行星反复撞击地球的可能性后，科学家猜测，由于地球内部的铱元素含量也很高，这些铱更可能是火山喷发带来的。而中国同时期的氧含量也存在较大波动，这说明了当时中国境内的古环境波动加大，地质状况也比较活跃，也许与地球另一端遭到天体撞击有关，也许另有原因。正是环境的剧变引起了中国及其周边区域内恐龙的灭绝。

恐龙的粪化石

粪化石，顾名思义就是大便的化石。科学家可以通过研究恐龙粪化石了解恐龙的饮食和生活环境。方式是将化石切片，在显微镜下观察它的结构，从而判断排出该粪便所属的恐龙吃了什么食物，是动物还是植物，吃的是哪一种动物或植物。此外，粪化石的大小和形状还可以反映出恐龙消化道末端的结构情况。●

植食肉食大不同

一般来说，我们很难找到完整的植食性恐龙粪化石，因为它们通常都破裂了，且散落在各处。植食性恐龙排泄的时候或许跟牛差不多，边走边排泄，距离数米。而肉食性恐龙的粪便就像猫狗的那样，比较结实。

暴龙之粪

1995 年，加拿大皇家萨斯喀彻温省博物馆的温迪·索罗伯达女士（Wendy Sloboda）发现了史上最著名的一坨恐龙大便——暴龙之粪！它来自 6600 万年前，体积约 44 厘米 ×16 厘米 ×13 厘米，重量约 7 千克。这块粪化石并不完整，完整的一坨暴龙之粪应该还要大上几倍。3 年后，美国学者完成了对这块化石的研究，粪化石中保存了大量植食性恐龙破碎的骨头，包括三角龙和鸭嘴龙，而骨头都带有凹痕，破碎边缘呈圆形。这些信息不仅告诉我们暴龙那连肉带骨头的吃法，还说明它的胃酸虽然强烈，却还不足以完全消化骨骼。

↘暴龙粪便化石。

粪便中的亿万年前景象

目前研究恐龙粪化石的似乎只有一两个人，其中以印裔美国女学者凯伦·琴（Karen Chin）最为出色，她是研究恐龙粪化石的世界级学者。古粪便学家之所以如此稀缺，并不是因为没有人感兴趣，而是因为粪化石确实不多，其中恐龙等大型古生物的粪化石就更加稀少。或许你会认为，在1.6亿多年的时间中，它们留下的粪便数量绝对是个惊人的数字，但都到哪里去了呢？

其中绝大部分的粪便都分解掉并沦为微生物的基地，最终进入生态的轮回，只有极少数成为化石，而且也不容易被找到，很多时候，即使粪化石就摆在眼前也会被人们视而不见。这时候就需要凯伦·琴这样的古粪便学家，他们不但能分辨出粪化石，还能从中获得重要信息。一坨古粪便就能帮助科学家描绘出亿万年前的景象。

↓美国学者凯伦·琴曾经在植食恐龙的粪化石中发现一些微小的孔洞，根据这些线索，她判断蜣螂（俗称屎壳郎）从恐龙时代起就已经开始清理粪便了。（图片来源：东方IC）

印度粪化石的秘密

2006年，印度古生物学家与植物学家在印度中央邦上白垩统拉马它组发现了一些粪化石，该地点曾经发现过伊希斯龙（*Isisaurus*）等巨龙类恐龙，所以古生物学家认定这些粪化石应该属于这些蜥脚类恐龙。最令人吃惊的是，植物学家在这些粪化石中发现了菌类化石（或者称为蘑菇化石），而这些菌类是生长在树上的。此项发现蕴含了重要的信息，粪化石含有的多种菌类表明了晚白垩世的印度是热带与亚热带交替的气候。同时，这些菌类基本都寄生在叶子表面，这也直接说明了巨龙类恐龙像现在的长颈鹿那样吃着较高处的树叶。

恐龙之外的粪化石

除了恐龙的粪化石之外，其他史前动物的粪化石也同样有趣。

2010年，美国哥伦布州立大学的古生物学者大卫·修蒙（David Schwimmer）与其女弟子萨曼莎·哈雷尔（Samantha Harrell）根据在查特胡奇河支流汉纳哈奇河沿岸化石集中区发现的粪化石推断，恐鳄（*Deinosuchus*）能击败体型和它差不多大的恐龙。这些粪化石属于恐鳄，它们是一种体长达8.8米的巨型鳄鱼，其粪便中含有沙子和大量贝壳碎片，说明这些鳄鱼曾生活在咸暖浅水区，很有可能就是河口附近，因为那里是入海口，拥有沙质海岸，还有大量的海龟供食用。而当地各种恐龙化石身上的牙痕和咬痕反映了恐鳄的食性，其中甚至包括暴龙类的阿巴拉契亚龙（*Appalachiosaurus*）！

恐龙的灭绝

恐龙灭绝是中生代最具争议的一道谜题。为何恐龙这种繁衍了 1.6 亿年、曾统治全球的物种突然全部消失了呢？为什么恐龙把生态位让给了那些毛茸茸、身体结构要逊色于它们的哺乳动物呢？恐龙的灭绝到底是小行星撞击地球、超级火山爆发，还是海平面下降造成的呢？这些是研究恐龙的古生物学家经常被问到的问题。

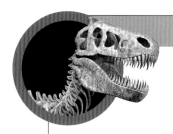

海平面下降？

岩石记录并没有白垩纪末期地貌逐渐改变——海平面下降的证据。让我们回到中生代，那时候，恐龙生活的世界被大海淹没，没有极地冰盖，海平面比现在高得多，低地被淹没在海面以下。那时的欧洲被分割成许多岛屿，北美被浅海劈成东西两半，浅海淹没了现今的大草原地带。进入新生代，浅海慢慢干涸，现代大草原逐渐显露出来，北美变成一整块陆地。同时，连接阿拉斯加与西伯利亚的大陆桥也建立起来。这一海平面下降的趋势叫海退（marine regression），而且是全球性的。●

海平面下降虽然给海底生态带来变化和危机，但对陆地生态影响不大。因此，科学家并不认为海平面下降是导致恐龙大灭绝的主要因素。（图片来源：东方IC）

消失的海岸线

海洋面积萎缩导致海岸线和浅滩消失，这对于海洋生物来说是个坏消息，因为这让它们赖以生存的浅海产物数量减少了。现在它们的栖息地变得支离破碎，面积也变小了，因此，它们之间的竞争变得更加激烈了。海洋的生态转变必将引发多米诺骨牌效应，于是横扫整个热带地区的物种大灭绝发生了。确实，菊石与双壳类动物的物种数量随着这次海退减少了。对海洋无脊椎动物进行研究的古生物学家确信 K-Pg 大灭绝是渐进发生的。

↑由于海退的因素，菊石大量消失。（图片来源：东方 IC）

K-Pg 大灭绝

发生在晚白垩世至古近纪之间的生物大灭绝事件，是距离现在最近的一次大灭绝。这次的灭绝让地球上近半数的生物物种消失，尤其是当时具有优势的大型物种，最有名的就是恐龙。这次大灭绝之后，哺乳类动物跃上历史舞台，鲨鱼成为海中霸王。

只是灭绝的间接因素

海里发生的危机对陆生生态环境只有很小的直接影响。菊石的灭亡不会立刻导致恐龙灭绝。然而，海平面改变的间接效应很可能与物种灭绝有关，气候改变就是其中之一。我们很难知道白垩纪时期地球的确切温度，但从保留下来的叶子化石的形状来看，当时世界在变冷。虽然有确凿的海洋化石记录，但把恐龙灭绝归因于海平面下降却很难赢得广泛认同，其中一个原因就是科学家不确定气候变冷与海平面下降确实是绝对相关的。

↑在白垩纪末期的生物大灭绝中，海洋里的强者蛇颈龙也难逃劫难。

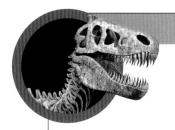

超级火山爆发？

另一种学说认为，是一场历时 100 万年的巨大火山群爆发把恐龙逼上了绝路。这一学说的支持者把灭绝证据指向覆盖印度次大陆南半部的一个异常巨大的玄武岩土丘——德干高原，它从海平面升起 600 米，延展了 2000 万平方千米的面积。整个高原耸立着，见证了一次火山大爆发引起的巨大、激烈的地质变动过程。●

火山活动引发的效应

火山活动持续了白垩纪的最后 100 万年，火山熔岩不仅淹没了印度次大陆，还把大量的温室气体和有毒气体喷向大气层。温室气体可能使全球气候变暖，大气中的岩屑会遮挡住阳光。如二氧化硫这样的有毒化学物会充满大气，并使地球上的生物圈中毒。普林斯顿大学的格雷塔·凯勒相信，德干玄武岩地区的超级火山爆发导致了恐龙灭绝。

非灭绝关键

虽然研究陆地化石的古生物学家倾向于用大灾难学说解释恐龙的灭绝，但大部分证据仍无法使人完全信服。这主要是因为只有很少证据能把这次火山爆发与白垩纪末的动植物灭绝速度联结起来。最近的研究报告认为，德干玄武岩火山活动的确在恐龙末日之前的 50 万年发生了一些变化，但在 K–Pg 大灭绝中并没有起到关键作用。

↓ 超级火山大爆发所喷出的毒气杀死了包括恐龙在内的大量生物，温室气体也导致地球变暖，但科学家仍然不认为这些是恐龙灭绝的原因。

火山爆发的见证——德干高原

德干玄武岩，位于印度南部的德干高原，是一个大火成岩省，也是地表上最大型的火山地形之一。德干玄武岩由多层洪流玄武岩构成，厚度超过 2000 米，面积为 50 万平方千米。

6600 万年前（白垩纪末期），西高止山脉发生了大量的火山爆发。这一连串的火山爆发持续了近 3 万年之久。德干玄武岩大约就是这时候形成的。有学者认为火山喷出的气体可能是 K–Pg 大灭绝事件的原因之一。

德干玄武岩火山爆发所形成的熔岩地形估计最大面积为 150 万平方千米，相当于现在印度的一半面积，之后经过侵蚀作用及大陆漂移，形成现在的大小。目前所能直接观测的熔岩面积约为 51.2 万平方千米。

所有恐龙都灭绝了吗？

经过 K-Pg 大灭绝之后，恐龙真的全部消失了吗？就如同当时的哺乳动物，虽然在物种数量上遭到毁灭性的打击，但终究在大浩劫中幸存了下来，其实恐龙也是这样。当然，没有一只暴龙或者三角龙存活下来，那些威武庞大的大恐龙都没能越过生死线。然而，有一支长羽毛、不起眼的恐龙后裔却成功了。它们就是鸟——飞行的恐龙！我们用骨骼做一下对比，可以看到恐龙与鸟有 200 多个共同特征。这些恐龙长有羽毛，体型大小和现在的乌鸦、鸽子类似。正如古生物学家徐星所说，这些恐龙甚至会飞。鸟类能从大灭绝中幸存下来，很可能要归功于它们的飞行能力。翅膀使它们摆脱了日益恶化的当地环境，在紧急关头帮助它们越过了生死线。即使在现代世界中，在面对死亡威胁时，飞行鸟类也比它们在地面上的亲戚更能灵活应对。

↑鸟类可能是由恐龙的一支演化而来，它们越过 K-Pg 大灭绝这道生死线存活了下来。

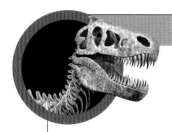

小行星撞击地球？

"**小**行星撞击地球"学说也有大量的证据支持。这一理论的支持者从太空寻求恐龙灭绝事件的答案，他们声称在白垩纪末期有一颗直径 1 千米的小行星撞击了地球，在短期内引发了大灾难，并且随着时间的推移持续产生影响，最终导致当时生活在地球上的许多物种灭绝。

揭开谜底

早些年，一支由 41 名科学家组成的团队在《科学》杂志上发表了一份报告，总结了其 20 年研究的结果，揭开了恐龙灭绝的谜底：现存的陨石坑与地质证据可以证明小行星是 K-Pg 大灭绝的罪魁祸首。许多古生物学家把这份报告当作定论——的确是一颗小行星灭绝了恐龙。

↙当小行星撞击地球时，火灾、海啸、毒气等瞬间灭绝了大量的生物。（图片来源：东方 IC）

撞击瞬间的灭绝

　　小行星撞击地球的瞬间就灭绝了周边几乎所有的生命，之后热浪横扫全球，世界陷入一片火海之中，接下来便是无尽的海啸。这种短期效应足以使许多物种瞬间消失。而长期效应带来了更多的灾难：撞击事件使有毒的化学气体进入大气；撞击引发的尘埃像毛毯一样覆盖着地球，在随后的几年里遮挡了阳光。从火海与海啸中幸存下来的植物因无法进行光合作用而灭亡，植食动物也随之消亡。也许一些植物以种子和孢子的方式存活下来；有些哺乳类和小型爬行动物通过蛰伏冬眠度过更长的时期；鸟类可迁徙到更好的栖息地；鱼类可免于辐射和酸雨，并通过降低代谢率避免被饿死。但是这些恐龙无法做到，于是它们灭亡了。

从铱元素看小行星撞地球

　　小行星撞击理论于 1980 年首次登场。一支由诺贝尔物理学奖得主路易斯·阿尔瓦雷茨引领的团队，在研究意大利北部白垩纪与古近纪交界线的沉积岩时，发现了数量不寻常的铱。这是一种在地球上罕有而行星上却很常见的化学元素。在随后的全球勘探中，阿尔瓦雷茨发现，全世界的这一界线层里都含有铱元素，而且地层里还含有大量的焦炭以及烧焦的碎片，同时发现的还有大海啸后沉积下来的沉积岩。根据这些发现，阿尔瓦雷茨认为，6600 万年前有一颗小行星撞击了地球。

↓ 6600 万年前，一颗小行星穿过大气层直接撞向地球。图为小行星撞击地球的模拟画面。

小行星撞击地球的证据
——希克苏鲁伯陨石坑

　　小行星撞击地球的理论仅仅在 30 年间就赢得了大多数人的支持，这要归功于撞击陨石坑的发现，该陨石坑位于墨西哥尤卡坦半岛上的希克苏鲁伯。经过 6600 万年的腐蚀和沉积，现在人们已无法站在陨石坑边上一睹它的原貌了，不过，一个直径 200 千米的巨大陨石坑仍呈现出撞击的痕迹。

　　面对这项不容置疑的证据，没人再否认白垩纪末期有小行星撞击过地球。进一步的研究表明，那次撞击产生了相当于 100 万亿吨级 TNT 爆炸的能量。相比之下，人类制造的威力最大的炸弹所产生的能量只有它的二百万分之一。这一巨大撞击蒸发掉的不仅仅是水，还有组成半岛的碳酸盐岩床，从而使二氧化碳混入了大气层中，引发巨大的温室效应。当尘埃落定，寒冷的地球上万物苏醒，重新沐浴在阳光之中时，温室效应仍占据影响地位，并左右着地球的环境。

肉食性恐龙

明星恐龙

Panguraptor 盘古盗龙
Sinosaurus 中国龙
Monolophosaurus 单脊龙
Gasosaurus 气龙
Yangchuanosaurus 永川龙
Sinraptor 中华盗龙
Tarbosaurus 特暴龙
Pedopenna 足羽龙
Anchiornis 近鸟龙
Xiaotingia 晓廷龙
Aurornis 曙光鸟
Epidexipteryx 耀龙
Sinosauropteryx 中华龙鸟
Microraptor 小盗龙
Changyuraptor 长羽盗龙
Mei 寐龙

肉食性恐龙档案馆

Shidaisaurus 时代龙
Shaochilong 假鲨齿龙
Xuanhanosaurus 宣汉龙
Sinotyrannus 中国暴龙
Chilantaisaurus 吉兰泰龙
Xinjiangovenator 新疆猎龙
Xiongguanlong 雄关龙
Raptorex 盗王龙
Dilong 帝龙
Guanlong 冠龙
Alectrosaurus 独龙
Qianzhousaurus 虔州龙
Sinocalliopteryx 中华丽羽龙
Yixianosaurus 义县龙
Tugulusaurus 吐谷鲁龙
Haplocheirus 简手龙

Epidendrosaurus 树息龙
Yi 奇翼龙
Sinornithosaurus 中国鸟龙
Graciliraptor 纤细盗龙
Tianyuraptor 天宇盗龙
Luanchuanraptor 栾川盗龙
Velociraptor 伶盗龙
Sinornithoides 中国鸟脚龙
Sinovenator 中国猎龙
Sinusonasus 曲鼻龙
Shanyangosaurus 山阳龙
Linheraptor 临河盗龙
Xixianykus 西峡爪龙
Leshansaurus 乐山龙
Qiupalong 秋扒龙
Linhevenator 临河猎龙

Xixiasaurus 西峡龙
Hexing 鹤形龙
Zuolong 左龙
Philovenator 菲利猎龙
Yutyrannus 羽王龙
Eosinopteryx 始中国羽龙
Datanglong 大塘龙

盘古盗龙

盘古盗龙是中国发现的第一种保存较完好的腔骨龙类恐龙，它的标本包括颅骨、下颌骨、几乎完整的后肢、部分椎骨、肋骨和一些其他骨骼。骨骼发育程度显示，它是一只接近成年的恐龙。在生前，它应该是一个矫健的猎手，也许还有同伴和它一起行动。

腔骨龙类是生活在晚三叠世到早侏罗世的小到中型恐龙，它们体态纤细，两足行走，非常敏捷，是已知最早的恐龙类群之一。尽管对于腔骨龙类恐龙在美洲和非洲都有比较详细的记录，但亚洲的记录却非常有限，在盘古盗龙之前只发现了两个标本的肢体残骸。

小链接

什么是模式标本？

模式标本是科学家为一类动物指定的标准样本。当一个新物种被发现时，科学家都必须建立模式标本，恐龙也不例外。当类似的恐龙化石被发现时，科学家就可以将新发现的化石与这个模式标本进行比较，如果它的特征与模式标本一致，那它们就是同一种恐龙，否则，就是另一种恐龙。

盘古盗龙的头部狭长，牙齿锐利，是肉食性恐龙。它也许会捕食类似蜥蜴的小型动物或者鱼类。

盘古盗龙

中文名称：盘古盗龙
拉丁学名：*Panguraptor*
学名含义：盘古（神话中开天辟地的人物）盗贼
地质时期：早侏罗世
化石产地：云南禄丰
体型特征：体长约 2 米
食性：肉食性
类别：腔骨龙类

★盘古盗龙的身长估计和一张单人床的长度差不多，但即使抬起头，它大概也只能达到成年人下半身的高度。

由于头部有两个凸起的骨脊，学者最初将其命名为"中国双脊龙"。

中国龙

中文名称：中国龙
拉丁学名：*Sinosaurus*
学名含义：中国的蜥蜴
地质时期：早侏罗世
化石产地：云南禄丰、川街、晋宁
体型特征：体长 5.5 米
食性：肉食性
类别：基干兽脚类

中国龙可能并不如腔骨龙类那样擅长捕鱼，相反，它更适合捕食大型猎物，比如猎杀同时代的禄丰龙和云南龙。

中国龙

中国龙最先由杨钟健先生在 1948 年命名，但是因为当时的标本并不完整，所以一度被认为是无效的命名。后来，昆明市博物馆的胡绍锦在云南发现了另一件完整的兽脚类恐龙标本，标本显示其头部有两个凸起的骨脊，而且整体形象与美洲发现的双脊龙非常相似，学者将其命名为"中国双脊龙"。综合以前学者的意见并做了具体对比后，学者将中国双脊龙并入中国龙。

这些家伙可能会猛扑上去撕咬猎物，暴力血腥。它们的牙齿锋利，力气也很大，在捕猎的过程中，一些牙齿可能会脱落或折断。牙齿脱落的地方也许会被细菌感染，然后引发炎症，甚至造成颌骨损伤。在一块中国龙的上颌骨标本上，科学家就发现了这样的感染，并且感染引起了上颌骨的牙槽封闭，这些信息都在化石中得以完整保存。●

中国龙（属）只有一个种——三叠中国龙，并不是生活在晚三叠世，而是生活在早侏罗世，但这个命名已经不可能改变了。

小链接

恐龙是怎样命名的?

一般来讲，在学术论文中首次科学描述化石的科学家有权为恐龙取名。他们通常会以地名、特征等为恐龙命名，但是有时为了表彰有贡献的人，也会以人名或姓氏命名。同一种恐龙不能重复命名，最先命名的才合法，其余的命名都被视为无效名（异名）。

这只单脊龙长着一个 67 厘米长的大脑袋，脑袋上有一个奇特的头饰，所以很容易与其他肉食类恐龙区别开来。这个头饰是由鼻骨和泪骨在头骨中线处形成的冠状脊。

单脊龙

中文名称：单脊龙
拉丁学名：*Monolophosaurus*
学名含义：头顶有一道骨脊的蜥蜴
地质时期：中侏罗世
化石产地：新疆准噶尔盆地
体型特征：体长 5 ~ 6 米
食性：肉食性、鱼食性
类别：坚尾龙类

从发现地点的古环境判断，单脊龙生活在水边或丘陵地带，头长而细，吻也很窄，应该是靠捕食鱼类和小型恐龙为生的家伙。

单脊龙

单脊龙是一种中等大小的兽脚类恐龙，它只长着一个脊冠，目前我们还不清楚这种脊冠的作用。单脊龙的脊冠结构大，薄且多孔，看起来非常不结实，所以不可能是用来撞击的，很可能是用来炫耀或者吸引异性的。1984 年，在中国新疆准噶尔盆地发现的单脊龙化石保存得非常完整，1993 年被正式命名。

一些学者研究后发现，单脊龙的头冠结构和大名鼎鼎的异特龙、暴龙等具有一定的相似性，因此，有科学家认为单脊龙与后两者的关系非常密切，甚至可能是基干暴龙类。关于单脊龙在恐龙演化中的具体位置目前仍有争议，近年来，它的分类地位变化也很频繁。

小链接

科学家如何帮恐龙分类？

科学家会把恐龙放到不同的"篮子"里，那些长相类似、亲缘关系比较近的恐龙会被放到一起。但是，有时候某些恐龙具有不同类型的特征，科学家就会比较纠结，他们有时会把这只恐龙从一个类别里捞出来，放到另一个"篮子"里，如果他们又有了一些新想法，可能又会把这只恐龙放到别的"篮子"里……但总体来说，这只恐龙正在慢慢接近那个属于它的正确"篮子"。

气龙身材轻盈，后肢强壮有力，善于奔跑，爆发力强。

气龙

中文名称：气龙
拉丁学名：*Gasosaurus*
学名含义：在燃气设施建设过程中发现的蜥蜴
地质时期：晚侏罗世
化石产地：四川盆地
体型特征：体长 3 ~ 4 米
食性：肉食性
类别：坚尾龙类

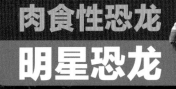
气龙

气龙的模式标本在 1985 年的一次燃气建设施工中被发现，因此有了"建设气龙"这样一个不寻常的名字。其标本不太完整，甚至没有头骨，因此很多具体信息还不清楚，但科学家仍然能够推断出一些信息—— 这只恐龙可能还未成年，它大概刚好能从门口钻进你的房间。如果它真的光临，应该会先探进一个大而轻盈的脑袋，你也许能看到匕首一样侧扁尖锐的牙齿，接下来会看到相对较短的脖子和短小灵活的四肢。你也许会尖叫着试图跳窗逃走，但你一定跑不掉！

这个对我们来讲非常恐怖的家伙，在它生存的年代，同样也是植食恐龙的噩梦。它们生活在茂密的林地，借助林地的遮掩，猎杀原始的蜀龙等蜥脚类恐龙和基干剑龙类。它们很可能是那片林地的霸主。

科学家怎样推断恐龙的特征？

虽然气龙的模式标本很不完整，但依然可以通过与它亲缘关系接近的恐龙来推断它缺失部位的情况，也可以通过埋藏环境推断它的生活环境。当然，这些推理未必完全正确。此外，后来在这个地层又发现了一些恐龙化石，看起来像极了气龙，尽管还不能完全确定，但极可能也是气龙，这些发现也能为科学家推断气龙的样子提供重要依据。

永川龙巨大的眼眶表明它有一双大眼睛，而且视力很好。嘴巴上的肌肉强健，再配上锋利的牙齿和短粗的脖子，一口咬下去，杀伤力巨大。

永川龙的尾巴很长，在奔跑时可以作为平衡器保持身体平衡，或许也可以作为方向舵，更便于追杀猎物。

永川龙的后肢粗壮，它们也许可以像今天的鸵鸟那样用三趾着地，快速奔跑。

永川龙

中文名称：永川龙
拉丁学名：*Yangchuanosaurus*
学名含义：发现于永川的蜥蜴
地质时期：晚侏罗世
化石产地：四川盆地
体型特征：体长 8～11 米
食性：肉食性
类别：异特龙类

永川龙

这是一种大型的肉食恐龙，永川龙的模式标本——上游永川龙有一个近 1 米长、略呈三角形的大脑袋，它的前肢很灵活，尖锐的利爪可以牢牢抓住猎物，再用嘴巴狠狠咬下去。

作为大型的肉食性动物，永川龙经常出没于丛林、湖滨。与今天的虎、豹类似，它性格孤僻，喜欢单独活动。马门溪龙类和剑龙类中的老弱病残成员很可能是永川龙捕猎的对象，它们一旦被永川龙盯上，就很难逃脱。

比较特别的是，和平永川龙、上游永川龙和巨型永川龙这三种永川龙发现于同一地层，体型相似，但是身体一个比一个大，看起来好像是同一个物种在演化过程中逐渐变大。到底是什么原因引起永川龙的体型不断增大呢？这是一个非常有趣的问题，还有待进一步研究。

中华盗龙估计有小型公共汽车那么长，而且它的后腿很长，在同等长度的恐龙里面算是高个子了，这使它拥有更加宽广的视野。

中华盗龙也是迅捷的奔跑者，强健的长腿让它比其他同类的肉食恐龙跑得更快，它就像今天的猎豹一样，非常善于追击猎物。不过，它的战斗力应该略逊于北美的异特龙亲戚。

晚侏罗世的那些肉食恐龙

晚侏罗世是肉食恐龙最繁盛的时期之一，中国发现的大型肉食恐龙有单脊龙、永川龙、中华盗龙和四川龙，后三者的亲缘关系很近，算是同类。或者说，中华盗龙家族从南到北分布得非常广泛。而单脊龙的日子就不太好过了，有时也许会成为中华盗龙的食物，因为单脊龙的化石上有疑似中华盗龙的咬痕。

中华盗龙

中文名称：中华盗龙
拉丁学名：*Sinraptor*
学名含义：中国的盗贼
地质时期：晚侏罗世
化石产地：新疆准噶尔盆地
体型特征：体长 8 米
食性：肉食性
类别：异特龙类

中华盗龙

中华盗龙的模式标本发现于 1987 年，并于 1994 年正式定名，模式标本是董氏中华盗龙。

在中华盗龙的骨骼化石上，加拿大的古生物学家发现了一些令人毛骨悚然的现象。它的颌骨有多种古病理损伤，包括一些圆形或沟状损伤，甚至有被掠食者的牙齿洞穿的孔，而它的肋骨也有断裂，但伤骨得以愈合。经过对比研究，科学家发现造成这些损伤的"凶手"正是另外一只中华盗龙！这就是肉食性恐龙中时常出现的同类相残现象。

中华盗龙被认为和永川龙具有非常密切的亲缘关系，一些学者倾向于将中华盗龙归入永川龙，当然，也有一些学者持不同意见，他们不仅希望中华盗龙独立存在，还想把和平永川龙从永川龙的"篮子"里捞出来，改名为"和平中华盗龙"。古生物学的命名就是这样根据新标本的发现或旧标本的新研究而不断改变。

特暴龙

特暴龙是一种大型的肉食恐龙，它们体型巨大，当前记录的最大个体的体长可达 11.6 米，体重近 7 吨。特暴龙生活在降水充沛的树林中。研究显示，它们能够形成立体视觉，应该可以准确锁定猎物；它们的听觉和嗅觉更加发达，具有很强的远距离感知能力。

相比其他暴龙，特暴龙的下颌骨经过了特别加固，再配上满口数十枚巨型牙齿，足以猎杀任何大家伙。它们的菜单上可能有鸭嘴龙类、蜥脚类和甲龙类等大型恐龙，也可能会吃腐食。它们的体型虽然略小于美洲的暴龙，但仍是白垩纪食物链顶端的掠食者。尽管成年的特暴龙少有竞争对手，但在幼体时期，和它们生活在相同环境中的分支龙很可能是它们的劲敌。

特暴龙的巨口有足够的杀伤力，大型特暴龙的头长超过 1.3 米，"血盆大口"已经不足以形容它们了。

暴龙与特暴龙

有学者认为特暴龙是美洲暴龙在亚洲的分支，如果该观点正确的话，特暴龙就会成为一个无效名，因此，有一些学者也称特暴龙为"勇士暴龙"。但是另外一些学者在研究后不同意这一观点，甚至有人认为特暴龙与暴龙之间的亲缘关系较远。

特暴龙

中文名称：特暴龙
拉丁学名：*Tarbosaurus*
学名含义：令人害怕的蜥蜴
地质时期：晚白垩世
化石产地：内蒙古
体型特征：体长 9.5 ~ 11.6 米
食性：肉食性
类别：暴龙类

暴龙类那标志性的小短胳膊在特暴龙这里已经缩短到了极致，它们的小短手是暴龙家族中比例最小的。

足羽龙化石只保留了小腿和有羽毛的足部，足部的结构显示它与近鸟龙有很近的亲缘关系，很可能也是一种四翼恐龙。

从龙到鸟

关于从恐龙向鸟类的演化过程，目前还存在争议。有两种主流的假说：第一种假说与蝙蝠的起源类似，认为是树栖的恐龙在林间滑翔的过程中逐渐获得了扇动翅膀飞行的能力，也确实有诸如小盗龙类等恐龙，身上长有羽毛并且善于爬树；第二种假说则从现存鸟类多半演化自恐爪龙类入手，认为这些陆地上奔跑的恐龙逐渐获得了飞行的能力。

足羽龙

足羽龙生活在湿润的林地和湖边，它们的食物包括小虫和小脊椎动物。有些学者认为足羽龙也许能够滑翔，它们可以张开四肢，像鼯鼠那样滑行；还有一些学者则认为，它们说不定能够收起后肢，这时候足部的羽毛呈水平状，位于前肢翅膀的下方，就好像老式的双翼螺旋桨飞机那样获得空气的升力，当然，仍然只是滑翔。但是有更进一步的研究表明，足羽龙腿部的羽毛

缺乏空气动力学功能，多半只是用来展示的，而不用于飞行。

由于足羽龙和鸟类有较近的关系，有科学家认为它是处于四翼恐龙向鸟类演化的一个中间环节——鸟类最终失去了足翼，只保留前肢形成了能够真正飞翔的翅膀。

近鸟龙

中文名称：近鸟龙
拉丁学名：*Anchiornis*
学名含义：非常类似鸟
地质时期：中侏罗世
化石产地：辽宁建昌
体型特征：体长 0.4 米
食性：肉食性
类别：鸟翼类

近鸟龙有发达的头部羽冠，大部分羽毛为深灰色或黑色。

近鸟龙极长的小腿通常被认为适于奔跑，但其长满羽毛的后肢又在奔跑型动物中很少见。这些现象表明恐龙向鸟类的转化过程是极其复杂的。

近鸟龙

作为鸟翼类恐龙中的一个分支，近鸟龙代表着从恐龙到鸟类演化的一个过渡环节，它的出现进一步缩小了原始鸟类和非鸟恐龙之间的差距。

与德国的始祖鸟相比，近鸟龙的特征更为原始，它的飞羽相对较小，羽轴纤细，羽片对称，尖端钝圆，其足羽也代表着一种原始特征。近鸟龙的飞羽与原始鸟类相比显然不适于飞行。

近鸟龙还是第一只全身羽毛颜色都被成功复原的恐龙。它的头部羽毛有红棕色斑点，羽冠为棕色或红棕色，前肢和腿上有宽阔的白色羽毛条带，中间穿插着不规则的黑暗条带——这听起来似乎不像个漂亮的家伙。

近鸟龙的体型接近鸽子，是一种四翼恐龙，虽然它的前肢也很长，但是仍然没有腿长。近鸟龙连趾骨上都披有羽毛，这种完全披羽的特征在灭绝物种中尚无报道。

这只家鸡大小的恐龙看起来已经相当有鸟类的样子了，但是翅膀仍不够发达，多半没有太强的飞行能力，不过滑翔或者从树上扑下来应该是没有问题的。

晓廷龙

中文名称：晓廷龙
拉丁学名：*Xiaotingia*
学名含义：郑晓廷先生的（龙）
地质时期：晚侏罗世
化石产地：辽宁建昌
体型特征：体长约 0.6 米
食性：肉食性
类别：鸟翼类

晓廷龙

晓廷龙是发现于中国辽宁省西部的另一种重要的带羽毛恐龙。它的锥形齿以及长而粗壮的前肢与原始鸟类极为相似，它特化的足部具有恐爪龙类特有的、翘起的第二趾，它的后肢发育出长长的飞羽，呈现出典型的四翼特征。它们也许会站在树端，俯视下面经过的动物，然后伺机从天而降，击杀猎物。

晓廷龙、近鸟龙和始祖鸟的结构相近，亲缘关系也非常近，科学家综合三者的特征后分析发现，它们的总体形态更接近恐爪龙类，而不是其他原始鸟类。如此一来，始祖鸟的传统分类地位受到强大冲击，人们开始认为始祖鸟应该是一种兽脚类恐龙，而非之前认为的原始鸟类。●

小链接

"鸟类不是恐龙"

并不是所有的古生物学家都相信鸟类起源于恐龙，特别是这一系列带羽毛的恐龙化石发现之初。2000年6月，在北京召开的第5届国际古鸟类与演化会议上，科学家形成了旗帜鲜明的两派，争论达到了白热化的程度，使"大会看上去更像一场政治拳击赛"。整个会议期间，持反对观点的科学家都戴着写有"鸟类不是恐龙"的黄色徽章。

曙光鸟 ————

中文名称：曙光鸟
拉丁学名：*Aurornis*
学名含义：黎明之鸟
地质时期：晚侏罗世
化石产地：辽宁建昌
体型特征：体长约0.5米
食性：肉食性
类别：鸟翼类

曙光鸟似乎就像山鸡一样在林间生活着，如果忽略掉带爪子的翅膀、尾巴里的椎骨，它多半就是一只真山鸡……

98

曙光鸟

为了向古生物学家徐星在恐龙演化和鸟类起源研究上的贡献致敬，曙光鸟的模式标本被定名为"徐氏曙光鸟"。由于模式标本化石相当完整，古生物学家能够将曙光鸟与其他 100 种恐龙和鸟类骨架进行比较，找到了接近 1000 种不同的特征。

最终生成的演化树表明，曙光鸟位于鸟类演化的最底部，或者说，它取代了原来始祖鸟的位置，成为鸟类的史前远亲。但是，并不是所有人都赞同这一观点，有的科学家认为它应该属于伤齿龙类，和成为鸟类的祖先还有一定距离。实际上，这些很像鸟的恐龙总是让科学家很头痛，因为实在太难将它们与真正的鸟类区分了！

> 曙光鸟的体型如同山鸡，拥有带爪子的翅膀和一条长长的、有骨的尾巴，尽管腿骨看起来非常像祖鸟，但总体来说，曙光鸟更为原始。

小知识

小心假化石！

很多来自中国辽宁省西部地区的带毛恐龙都是科学家从当地人手中征集的，而不是古生物学家自己挖掘发现的。在此之前，曾经有一块从化石贩子手里收购的"辽宁古盗鸟"化石，被证明是用多块化石拼接伪造而成的。

耀龙的攀爬能力很强，它的前肢较长，爪子很大，能够牢牢抓住树干。以前认为耀龙不能飞行，新的研究表明它长长的前肢可能附着有翼膜，使之可以滑翔。

小常识

如何确定恐龙的性别

恐龙化石没有保留血肉，所以看不到它们的生殖器，因此很难判断它们的性别，甚至可能将雌雄恐龙当成两个不同的物种。有时候，在同一种恐龙的大群化石里，有某个特征明显分成两种不同类型，这个特征应该就是区别雌雄的依据，但是除非某一个类型的体内保留了一枚卵化石，否则还是无法确认谁是雌性。这时候科学家只能猜测，比如一般由雄性求偶，那么颈盾、头冠更发达一些的可能就是雄性。

耀龙

中文名称： 耀龙
拉丁学名： *Epidexipteryx*
学名含义： 炫耀的羽翼
地质时期： 中侏罗世
化石产地： 内蒙古宁城
体型特征： 体长 0.3 米
食性： 肉食性
类别： 擅攀鸟龙类

新的研究表明，耀龙和奇翼龙一样拥有翼膜。图为奇翼龙。

耀龙

耀龙大约只有鸽子大小，前肢羽毛比较短，全身只覆盖着简单的羽毛。但是令人惊奇的是，它的尾巴上居然有四条很长的带状长羽，占到了体长的 70%。尽管这四根长羽也有羽轴、羽片等构造，但羽片呈长带状，与现代鸟类尾羽的构造不同。这些长尾羽就像今天很多鸟类漂亮的尾羽一样，其用途应该是向异性炫耀。就像今天的孔雀一样，雌性耀龙和雄性耀龙的外观很可能差别较大。不过，我们并不能确定这只耀龙的性别。

耀龙被普遍认为是树栖的鸟龙类中的一员，不过也有古生物学家认为，它们和窃蛋龙类的关系更近一些。

中华龙鸟

1996年8月，辽宁省有一位农民前后卖出了一块化石的正负模给两家研究机构的科学家，上面有一只奇怪的小恐龙，嘴上有粗壮锐利的牙齿，尾椎特别长，共有50多节尾椎骨，后肢长而粗壮。最引人注目的是，这只小恐龙从头部到尾部都披覆着毛状的皮肤衍生物。因为具有原始的毛，最初科学家误以为这是鸟类，结果为它取了个"龙鸟"的名字。但进一步的研究证明，它应该是一种恐龙。在恐龙身上发现毛状衍生物是一个里程碑，从此拉开了从龙到鸟演化的研究大幕。

中华龙鸟的毛状衍生物还为我们提供了它的体色信息。科学家通过显微镜在化石上发现了一些疑似黑素体的微小结构，在当代鸟类的羽毛上它们往往起到显色作用，特别是使羽毛呈现出较深的颜色。科学家以确凿的事实证明了这些显微小球儿不是细菌化石或其他东西——它们只存在于羽毛化石应该有黑素体的地方，而不会出现在羽毛以外的其他地方。以此为依据，当2010年中国科学家复原中华龙鸟的形象时，首次复原出带有红棕色环纹的尾巴。

依据化石上的黑素体结构，科学家复原出带有红棕色环纹的尾巴。

中华龙鸟

中文名称：中华龙鸟
拉丁学名：*Sinosauropteryx*
学名含义：中国的龙的羽翼
地质时期：早白垩世
化石产地：辽宁北票
体型特征：体长约1米
食性：肉食性
类别：美颌龙类

尽管长着毛，但是中华龙鸟并不会飞，它生活在降水丰沛的林地或湖泊边，可能以昆虫或一些小脊椎动物为食。它也不是鸟类的史前远亲。我们已经知道了很多长有真正羽毛的恐龙。

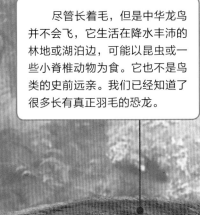

小链接

那些忽悠人的颜色

很多恐龙化石只保留下骨头，因此科学家无从得知它们生前究竟是什么颜色的，所以很多时候复原图上的一些颜色完全凭科学家猜测。比如某只恐龙生活在茂密的林间，那它很可能是绿色的；另一只恐龙有一个大头冠，多半是用来炫耀的，那就可以把头冠涂成红色。

103

根据标本的后肢特征，科学家推测小盗龙栖息在大树上，可在树林间自在滑翔。

小盗龙最有趣的地方是拥有两对翅膀——它的前肢和后肢都长有羽毛，因此也被称为"四翼恐龙"。

小盗龙

中文名称：小盗龙
拉丁学名：_Microraptor_
学名含义：微小的盗贼
地质时期：早白垩世
化石产地：辽宁建昌
体型特征：体长 0.7 米
食性：肉食性
类别：驰龙类

小盗龙

小盗龙是一种非常娇小的恐龙，母鸡大小的身体拖着一条很长的尾巴。它的头大得有点不成比例，一些标本显示，它们长着一个带有羽毛的小头冠。作为第六种被命名的有羽恐龙，小盗龙的发现有力支持了鸟类飞行的"树栖起源"假说，也显示出"鸟类起源于恐龙"假说和"鸟类飞行的树栖起源"假说之间有密切关联。

小盗龙的牙齿细小，应该是捕食比它更小的猎物，包括一些小鸟、小蜥蜴。学者曾经在一件小盗龙的腹腔内找到一些散乱的骨骼化石，这些骨头已经被胃酸侵蚀，经过观察，确定是鱼类的骨骼，因此，在小盗龙的食谱里还有鱼类。

科学家将小盗龙的黑素体与现有鸟类的黑素体进行对比，发现它们很长、很窄，并以片状方式排列，这与如今的乌鸦或美洲黑羽椋鸟类似。或者说，小盗龙的羽毛在阳光的照射下，同样会呈现出它们那样的黑色或蓝色的金属光泽。

长羽盗龙最特别的地方是长着一条长尾巴，而且上面的羽毛也很长，有的尾羽长达 30 厘米，这是迄今在恐龙化石中发现的最长尾羽。

长羽盗龙

这是一只体型较大的四翼恐龙，即使在同类中都算大个子。它是一只成年恐龙，长尾椎和长羽毛为它打造了一条能够充分获得升力的大尾巴，甚至可以说是"第五个翅膀"了。

这条尾巴说不定在飞行控制中起到了非常重要的作用，例如帮助转向、减速等，能让这种恐龙迅速降低飞行速度，然后安全着陆。而且研究发现，长羽盗龙的骨骼是中空的，这有利于它们减轻体重，从而具有很强的滑翔能力，甚至可能具备扑翼飞行的能力。

在那个时代，它们也许像今天的雄鹰一样孔武有力，在空中寻找目标，然后笔直俯冲下来，依靠尾羽和后肢上的羽毛进行空中制动，迅猛地扑击猎物。地上的动物或者枝头上的鸟类和似鸟恐龙都可能成为它们的猎物。就如今天的鹰一般，它们的爪子和嘴巴是强大的武器。

长羽盗龙的出现使科学家重新思考，是否有一部分恐龙在演化成鸟类之前就已经具备了卓越的飞行能力。

长羽盗龙

中文名称：长羽盗龙
拉丁学名：*Changyuraptor*
学名含义：长羽毛的盗贼
地质时期：早白垩世
化石产地：辽宁建昌
体型特征：体长 1.2 米
食性：肉食性
类别：驰龙类

寐龙

中文名称：寐龙
拉丁学名：*Mei*
学名含义：睡
地质时期：早白垩世
化石产地：辽宁北票
体型特征：体长 0.45 米
食性：肉食性
类别：伤齿龙类

小贴士

并不是所有的恐龙都是这个睡姿

1936 年，一头剑龙的化石被发现，它的四肢蜷缩在身体下，前肢的姿态看起来是一种睡姿，也许，剑龙是趴着睡觉的。

寐龙应该是生活在降水充沛的林地或者湖泊边缘地带，它们行动敏捷，以昆虫和其他小猎物为食。这种鸭子大小的恐龙很可能和中国猎龙、曲鼻龙等恐龙共存于同一片蓝天下。

寐龙

恐龙会睡觉吗？它们睡觉时是什么样子呢？尾巴收起，头颈弯向后背，很像缩成一团、把头埋进身子里的样子，一看就是令人惊讶的"鸟类标准睡姿"，它的化石在 2004 年被发现的时候就是这样一种姿态，因此得名"寐龙"。它很可能是在睡觉时，被火山喷发等产生的毒气杀死的。

但是，这个姿势是真正的睡姿，还是埋藏过程中产生的巧合呢？2012 年，又有一只同样睡姿的寐龙被发现，看来这并不是个例，古生物学往往具有重复性。此外，中国鸟脚龙在被发现的时候，口鼻部位于左前肢之下，这也是一种鸟类栖息的状态。这显示出寐龙等似鸟恐龙不仅骨骼形态与鸟类相似，其行为也与鸟类有着最紧密的联系，这是鸟类从恐龙演化过来的另一项重要证据。

时代龙是异特龙类中比较原始的类型。

时代龙

目前人们对这种恐龙所知较少，只找到小部分颅骨和局部骨骼。不过，它是和一大群川街龙埋葬在一起的，时代龙和这些恐龙之间的关系还有待研究。总体来说，时代龙是异特龙类中比较原始的类型，即使如此，它应该也是个很凶猛的家伙。

时代龙

中文名称：时代龙
拉丁学名：*Shidaisaurus*
学名含义：金时代公司的蜥蜴
地质时期：中侏罗世
化石产地：云南禄丰
体型特征：体长 6 米
食性：肉食性
类别：异特龙类

有趣的是，命名人将"鲨齿龙"按普通话直接音译为英文为其命名，为了避免与鲨齿龙（Carcharodontosaurus）发生混淆，科学家将其中文名字译为"假鲨齿龙"。

假鲨齿龙

中文名称： 假鲨齿龙
拉丁学名： *Shaochilong*
学名含义： 鲨齿龙
地质时期： 晚白垩世
化石产地： 内蒙古
体型特征： 体长 5 ~ 6 米
食性： 肉食性
类别： 鲨齿龙类

假鲨齿龙

1964 年，中国科学家在内蒙古发现了这种恐龙，最初将其归为吉兰泰龙。而近年的研究表明，它是典型的鲨齿龙类恐龙。它是亚洲确认的第一种鲨齿龙类恐龙，看起来更像是在南美发现的那些鲨齿龙的亲戚，而与亚洲其他肉食恐龙有一定的差别。假鲨齿龙与吉兰泰龙共享栖息地。

宣汉龙

中文名称： 宣汉龙
拉丁学名： *Xuanhanosaurus*
学名含义： 发现地在宣汉的蜥蜴
地质时期： 晚侏罗世
化石产地： 四川宣汉
体型特征： 体长 4.5 米
食性： 肉食性
类别： 异特龙类

宣汉龙

宣 汉龙模式标本发现于四川达州市宣汉县的七里峡地区，在晚侏罗世，那里生长着茂密的树林。活动在其中的宣汉龙身体粗壮，发达的前掌也许能够帮助它捕食猎物，这一点和大多数肉食恐龙弱化前肢的趋势正好相反，是个非常有趣的特征。

宣汉龙身体粗壮，前肢和前掌都很发达。

111

吉兰泰龙应该是处于食物链顶端的物种，它与假鲨齿龙共享栖息地，可能会猎杀戈壁龙。

中国暴龙

中文名称：中国暴龙
拉丁学名：*Sinotyrannus*
学名含义：中国的暴龙
地质时期：早白垩世
化石产地：辽宁喀左
体型特征：体长 9 米
食性：肉食性
类别：原角鼻龙类

中国暴龙的体型比同时代的原始暴龙大，已经相当接近后期暴龙的体型。

中国暴龙

中国暴龙属于暴龙类中比较原始的原角鼻龙类，它生活在湿润的林地中或湖泊边。由于目前只发现了半个颅骨和少量身体骨骼，人们对这种大型肉食动物的了解还非常有限，但是毫无疑问，它不是个好惹的角色。

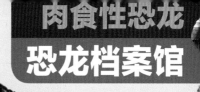
吉兰泰龙

吉 兰泰龙的分类地位一直存在争议，目前暂时被归为异特龙类。到现在为止，我们还没有发现一具非常完整的吉兰泰龙骨骼化石。曾经有一些被当作吉兰泰龙的恐龙后来被证明是其他恐龙。不过总体来看，它应该是一种体型巨大并且非常凶狠的肉食恐龙。

吉兰泰龙

中文名称：吉兰泰龙
拉丁学名：*Chilantaisaurus*
学名含义：吉兰泰镇的蜥蜴
地质时期：晚白垩世
化石产地：内蒙古
体型特征：体长 11 ~ 13 米
食性：肉食性
类别：异特龙类

新疆猎龙

新 疆猎龙只有一小部分化石被发现，因此人们还无法完全还原其生活场景，它的重建骨骼在很大程度上参考了其他手盗龙类的形象。

虽然新疆猎龙的化石不多，能释放出的信息有限，但推测它极有可能是生活在林间的矫健猎手。

新疆猎龙

中文名称：新疆猎龙
拉丁学名：*Xinjiangovenator*
学名含义：新疆的猎手
地质时期：早白垩世
化石产地：新疆乌尔禾
体型特征：不详
食性：肉食性
类别：手盗龙类

雄关龙

中文名称：雄关龙
拉丁学名：*Xiongguanlong*
学名含义：雄关（指嘉峪关）龙
地质时期：早白垩世
化石产地：甘肃嘉峪关
体型特征：体长 5 米
食性：肉食性
类别：暴龙类

雄关龙的模式标本被命名为酷酷的"白魔雄关龙"，"白魔"的意思是化石产地附近有一个白色城堡状的自然景观，可能是白魔居所。

雄关龙

相比晚期的暴龙类，雄关龙的身体轻盈，嘴巴看起来也更长更窄，身上可能还覆盖着毛，为这个瘦削的猎手保持体温。雄关龙身手矫健灵活，北山龙很可能是它的猎物。

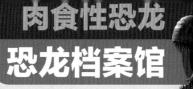

盗王龙

盗王龙是敏捷的掠食者，体型看起来有点像长尾巴、短脖子的鸵鸟，也长着属于暴龙类的典型"小短手"。比它出现时间更晚、体型更大的某些暴龙类仍长着粗壮的前肢，这可能说明暴龙类恐龙前肢的退化和体型之间没有必然的联系。然而，最近有学者指出这件标本可能是来自蒙古国的特暴龙的幼体化石，如果真的如此，那么上述推论就不成立了。

盗王龙	
中文名称：盗王龙	
拉丁学名：*Raptorex*	
学名含义：盗贼之王	
地质时期：早白垩世（存疑）	
化石产地：中蒙边界地区（存疑）	
体型特征：体长 2.7 米	
食性：肉食性	
类别：暴龙类	

帝龙

虽然属于暴龙家族，但是帝龙的体型似乎小了点。科学家认为现在发现的帝龙也许并非成体，成体的体长可能会超过 2 米。作为暴龙类中非常原始的类群，帝龙化石上有羽毛覆盖物的痕迹，这也与暴龙那光溜溜的身体不符，也许这些羽毛在帝龙成年的时候会褪去。当然也未必，因为在暴龙家族中还有成体也长毛的羽王龙。此外，从比例上看，它并不是"小短手"。

帝龙	
中文名称：帝龙	
拉丁学名：*Dilong*	
学名含义：帝龙	
地质时期：早白垩世	
化石产地：辽宁北票	
体型特征：体长 1.6 米	
食性：肉食性	
类别：暴龙类	

冠龙有一个独特的大冠，这很可能用于种群内的展示。

成年的独龙也许可以长到 5 米。

冠龙是双足行走的恐龙，与后期的暴龙类有许多共同特征。

冠龙

冠龙是已知最早的暴龙类恐龙之一，生活在 1.6 亿年前的晚侏罗世，比其著名的亲戚暴龙要早 9200 万年。与后期的暴龙类不同，五彩冠龙的前肢很长，肢上有三指。除了独特的冠外，它与近亲帝龙相似，可能与帝龙一样，身上长着一层原始羽毛。

冠龙

中文名称：冠龙
拉丁学名：*Guanlong*
学名含义：有冠的龙
地质时期：晚侏罗世
化石产地：新疆五彩湾

体型特征：体长约 3 米
食性：肉食性
类别：暴龙类

独龙

独龙只有部分骨骼化石被发现，且无法肯定是否成年，所以它的体型也不太好估计。不过，根据其暴龙亲戚的信息，人们可以推测出，它生活在季节性干旱——湿润的树林里，捕食包括古似鸟龙在内的恐龙。

独龙

中文名称：独龙	**化石产地**：内蒙古二连浩特
拉丁学名：*Alectrosaurus*	**体型特征**：体长约5米
学名含义：孤独的蜥蜴	**食性**：肉食性
地质时期：晚白垩世	**类别**：暴龙类

虔州龙

提起暴龙类，大家都对它们短而强壮的吻部有些害怕。虔州龙却不是这样，它长着大长嘴。因为吻部较长，虔州龙的咬合力肯定不如暴龙。但是，虔州龙的体型相对较小，可能奔跑速度比暴龙快，且更具有隐蔽性，可能猎杀的是在同一地层发现的窃蛋龙类等恐龙。

虔州龙

中文名称：虔州龙	**体型特征**：体长约9米
拉丁学名：*Qianzhousaurus*	**食性**：肉食性
学名含义：虔州（赣州的古称）的蜥蜴	**类别**：暴龙类
地质时期：晚白垩世	
化石产地：江西赣州	

中华丽羽龙

中文名称：中华丽羽龙	
拉丁学名：*Sinocalliopteryx*	
学名含义：中国的漂亮羽翼	
地质时期：早白垩世	
化石产地：辽宁北票	
体型特征：体长 2.3 米	
食性：肉食性	
类别：美颌龙类	

通过对胃容物进行研究，科学家发现，中华丽羽龙的猎物包括小盗龙类、孔子鸟、鹦鹉嘴龙等。

中华丽羽龙

中华丽羽龙似乎并不漂亮，但是它体型很大，至少在美颌龙里算是大个子了。中华丽羽龙的体表覆盖着原始的羽毛，可能是用来保温或展示。它生活在湿润的林地和湖畔，是快速追赶型的掠食者。

吐谷鲁龙

中文名称：吐谷鲁龙	**化石产地**：新疆准噶尔盆地
拉丁学名：*Tugulusaurus*	**体型特征**：体长 2 米
学名含义：吐谷鲁的蜥蜴	**食性**：肉食性
地质时期：早白垩世	**类别**：虚骨龙类

义县龙最突出的特征就是加长的前掌，它的爪子很长，呈强有力的钩形。

义县龙

义县龙有着加长的前掌，这样发达的前肢适合捕杀猎物或攀爬，它也许是生活在树上的小型恐龙。别看义县龙体型不大，但极可能是演化程度比较高的肉食性兽脚类恐龙。

义县龙

中文名称：义县龙
拉丁学名：*Yixianosaurus*
学名含义：义县的蜥蜴
地质时期：早白垩世
化石产地：辽宁锦州
体型特征：体长 1 米
食性：肉食性
类别：手盗龙类

吐谷鲁龙应该是一种行动迅速的肉食恐龙，虽然个头不小，但是身体轻盈，是个迅捷的猎手。

吐谷鲁龙

吐谷鲁龙的化石发现于 1964 年，但是只有一些后肢、肋骨和脊椎骨，因此关于它的信息比较少。虽然后续发现了一些疑似吐谷鲁龙的化石，但还无法确定。

简手龙

作为一种和鸟类关系很近的恐龙，简手龙的出现比始祖鸟早了大约 1500 万年。它的发现说明阿瓦拉慈龙类早在侏罗纪时期就已经出现了。

简手龙的前肢和前掌较长，拇指不大，有三个功能性手指。

简手龙

中文名称：简手龙
拉丁学名：*Haplocheirus*
学名含义：简单的手
地质时期：晚侏罗世
化石产地：新疆准噶尔盆地
体型特征：体长 2.2 米
食性：肉食性
类别：阿瓦拉慈龙类

奇翼龙

中文名称：奇翼龙
拉丁学名：*Yi qi*
学名含义：奇怪的翅膀
地质时期：中侏罗世
化石产地：河北
体型特征：体重约 380 克
食性：肉食性
类别：擅攀鸟龙类

奇翼龙生活在树上，可能以昆虫为食。

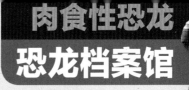

树息龙是生活在树上的小恐龙，如果不考虑长尾，它只有麻雀大小。

最奇特的地方是它的第三指远远长于其他两指。

树息龙

中文名称：树息龙
拉丁学名：*Epidendrosaurus*
学名含义：攀爬的蜥蜴
地质时期：晚侏罗世
化石产地：内蒙古宁城
体型特征：体长约 17 厘米
食性：肉食性
类别：擅攀鸟龙类

树息龙

树息龙最奇特的地方是它的第三指远远长于其他两指，而大多数恐龙和已知的任何鸟类一般都是第二指最长。这一特别手指的功能目前还不十分清楚，此前学者认为树息龙就像现代的指猴，可以用长长的手指抠出虫子。后来才知道是用来附着翼膜。可以肯定的是，树息龙是一种适应在树上生活的恐龙。

翅膀上覆盖着如蝙蝠般的翼膜。

奇翼龙

奇翼龙的体型和鸽子差不多，但是翅膀上覆盖着如蝙蝠般的翼膜。这说明恐龙在向鸟类演化的过程中，还曾做过其他尝试，不过显然这种尝试失败了，因为今天没有鸟类长着像蝙蝠那样的翅膀。哺乳动物中使用翼膜的蝙蝠在飞行能力上确实不如鸟类，以致它不得不避开鸟类活动的白天，等到夜晚才出来活动。

121

中国鸟龙属驰龙类，其化石有着丰富的羽毛痕迹，这些羽毛痕迹长 3~4.5 厘米，覆盖着它的身体，由毛状衍生物所构成，并没有飞行的功能。

中国鸟龙

曾经有学者认为中国鸟龙是世界上第一种已知的能够分泌毒液的恐龙，然而新的研究表明，中国鸟龙并非有毒动物，所谓的沟痕牙齿其实很普遍，而加长的牙齿实际上是化石变形所导致的。

细密尖锐的牙齿表明纤细盗龙是一种凶猛的掠食者。

纤细盗龙

纤细盗龙的化石包括部分上颌骨、接近完整的前后肢、部分脊椎和一些牙齿。纤细盗龙的骨骼特征表明其与伤齿龙类、驰龙类、鸟翼类之间有很近的亲缘关系。纤细盗龙生活在湿润的林地和湖畔。

天宇盗龙

中文名称：天宇盗龙
拉丁学名：*Tianyuraptor*
学名含义：天宇博物馆的盗贼
地质时期：早白垩世
化石产地：辽宁西部
体型特征：体长 1.6 ~ 2.3 米
食性：肉食性
类别：驰龙类

天宇盗龙的尾巴很长，可能超过自己的身长。

天宇盗龙的前肢较短，飞行能力可能比较弱。

天宇盗龙

天宇盗龙的前肢较短，相比那些前肢较长的驰龙类，天宇盗龙的飞行能力可能要弱得多。古生物学家徐星认为，天宇盗龙混合了劳亚大陆驰龙类和冈瓦纳大陆驰龙类的特征，是一种非常原始的小盗龙类恐龙。如果真的如此，那么那些有着长长前肢的小盗龙类应该是后来独自演化出飞行能力的。

从栾川盗龙的体型和配备的牙齿来看，它非常凶猛，如果成群活动的话，可能会猎杀比自身还大的猎物。

栾川盗龙

栾川盗龙的化石并不是很完整，只包括一部分头骨和一些其他部分零散的骨头。栾川盗龙是第一种在中国中部发现的驰龙类恐龙，此前这类恐龙大多发现于中国北方。

栾川盗龙

中文名称：栾川盗龙	**化石产地**：河南栾川
拉丁学名：*Luanchuanraptor*	**体型特征**：体长 1.1 米
学名含义：栾川的盗贼	**食性**：肉食性
地质时期：晚白垩世	**类别**：驰龙类

伶盗龙

伶盗龙是人们较为熟悉的一种恐龙，很多完整的骨架让我们得以了解其生长发育的各个阶段。蒙古国的国宝之一就是伶盗龙和原角龙埋藏在一起的化石，两只恐龙至死还保持着搏斗的状态。

伶盗龙可能生活在有沙丘和绿洲的沙漠中，是个捕食的多面手，既可以伏击猎物，也能进行追击。

中国鸟脚龙的体型并不大，可能以昆虫或小型哺乳动物为食。

中国鸟脚龙

中文名称：中国鸟脚龙
拉丁学名：*Sinornithoides*
学名含义：中国的鸟形龙
地质时期：早白垩世
化石产地：内蒙古鄂尔多斯
体型特征：体长 1.1 米
食性：肉食性
类别：伤齿龙类

中国鸟脚龙

作为伤齿龙类中的一员，中国鸟脚龙的体型并不大，可能以捕食昆虫或小型哺乳动物为生，也许还会集群捕猎鹦鹉嘴龙。有意思的是，中国鸟脚龙化石在发现的时候，身体蜷缩在一起，保持了一种类似鸟类的睡姿，这可以看作是它和鸟类存在亲缘关系的证据之一。

伶盗龙

中文名称：伶盗龙
拉丁学名：*Velociraptor*
学名含义：敏捷的盗贼
地质时期：晚白垩世
化石产地：内蒙古
体型特征：体长 2 ~ 2.5 米
食性：肉食性
类别：驰龙类

中国猎龙

中国猎龙拥有不合比例的超长后肢，它的运动支点已经从臀部向股骨和胫骨之间转移，这说明它奔跑速度很快，非常敏捷，应该是一个爆发力强的追击型猎手。

中国猎龙身上披有绒毛，前肢和尾巴上可能长着类似鸟类的羽毛，包括三根指头的似鸟尖爪，这些特征都说明了它和鸟类之间的亲缘关系。

中国猎龙

中文名称：中国猎龙
拉丁学名：*Sinovenator*
学名含义：中国的猎手
地质时期：早白垩世
化石产地：辽宁北票
体型特征：体长 1 米
食性：肉食性
类别：伤齿龙类

山阳龙

目前我们只发现了山阳龙极少量的骨骼化石，包括一些股骨及脚部的骨骼，这些已知骨头的特征表明山阳龙属于虚骨龙类。但是其他信息还不是很清楚，也不能完全确定它的分类地位。

曲鼻龙

中文名称：曲鼻龙
拉丁学名：*Sinusonasus*
学名含义：波浪状鼻子的龙
地质时期：早白垩世
化石产地：辽宁北票
体型特征：体长 1 米
食性：肉食性
类别：伤齿龙类

曲鼻龙

曲鼻龙的化石保存得比较完整，包括部分头骨和大部分身体骨骼。与其他伤齿龙类相比，曲鼻龙的牙齿要更大一些，它生活在湿润的林地和湖畔，主要以昆虫和其他小猎物为食。

曲鼻龙的鼻骨有特殊的弯曲，因此而得名。

山阳龙

中文名称：山阳龙
拉丁学名：*Shanyangosaurus*
学名含义：山阳岭的蜥蜴
地质时期：晚白垩世
化石产地：陕西山阳
体型特征：体长 1.5 米
食性：肉食性
类别：虚骨龙类

根据其骨头特征，人们可以推测山阳龙属于虚骨龙类。

临河盗龙

临河盗龙的化石是一件保存极为完整的驰龙类化石，也是世界上保存最好的恐龙化石标本之一。古生物学家推断，临河盗龙很可能死于一场沙尘暴的突袭，尸体很快被掩埋，因此得以完好地保存下来。

临河盗龙和它众多的亲戚一样，长着一条很长的大尾巴，它的后肢细长，应该是个相当善于奔跑的家伙。

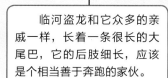

西峡爪龙最奇特的地方是它的后腿很纤细，但是前肢却很粗壮，而且只长着一个爪。

西峡爪龙

西峡爪龙是中国发现的第一种单爪龙类恐龙。纤长的后腿暗示它有很强的奔跑能力，有力的前肢可能用来挖土里的蚂蚁或白蚁吃。

西峡爪龙

中文名称：西峡爪龙
拉丁学名：*Xixianykus*
学名含义：西峡的爪子
地质时期：晚白垩世
化石产地：河南西峡
体型特征：体长约 0.5 米
食性：肉食性
类别：单爪龙类

有着一张血盆大口的乐山龙是顶级掠食者。

乐山龙

乐山龙的化石发现于 2007 年，是一件相当完整的骨骼化石。它的头骨较长，前段宽广，可以想象它有着一张血盆大口，是当时的顶级掠食者。

临河猎龙的前臂相对较短，但是腕部却很发达，因此精于挖掘或者攀爬。

描述这只恐龙的古生物学家徐星认为，这个不平凡的第二趾爪可能是伤齿龙类、驰龙类平行演化出来的。

秋扒龙

秋扒龙是亚洲在戈壁沙漠外发现的第一种似鸟龙类，也是在亚洲发现的位置最靠南的似鸟恐龙。它生活在河南栾川的干旱荒漠地区，也许会吃一些小昆虫和小蜥蜴之类的动物。

秋扒龙

中文名称：秋扒龙
拉丁学名：*Qiupalong*
学名含义：秋扒乡的龙
地质时期：晚白垩世
化石产地：河南栾川
体型特征：不详
食性：肉食性
类别：似鸟龙类

临河猎龙

中文名称：临河猎龙
拉丁学名：*Linhevenator*
学名含义：临河的猎手
地质时期：晚白垩世
化石产地：内蒙古乌拉特后旗
体型特征：体长 2 米
食性：肉食性
类别：伤齿龙类

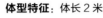

临河猎龙

临河猎龙是一种大型的伤齿龙类恐龙，脚上的第二趾爪子相当大，是伤齿龙类中最大的，而且呈镰刀状，看上去与驰龙类非常相似。

西峡龙

中文名称：西峡龙
拉丁学名：*Xixiasaurus*
学名含义：西峡的蜥蜴
地质时期：晚白垩世
化石产地：河南西峡
体型特征：体长 1.2 米
食性：肉食性
类别：伤齿龙类

西峡龙

作为伤齿龙类中的一员，西峡龙也与鸟类看上去有些类似，不过与大多数伤齿龙不同，西峡龙的牙齿上没有锯齿。它的骨骼化石保存得非常完整，显示出它是一个机敏且小巧的捕食者。

鹤形龙

鹤形龙	
中文名称：鹤形龙	
拉丁学名：*Hexing*	
学名含义：像鹤一样的	
地质时期：早白垩世	
化石产地：辽宁	
体型特征：1.6米（存疑）	
食性：肉食性	
类别：似鸟龙类	

鹤形龙是古老的基干似鸟龙类，人们只发现了它的一小部分骨骼，并且保存状态不太好，因此无法准确估计它的体型。事实上，它是由当地一位农民发现的，为了卖个好价钱，发现人自作主张地优化了其中一部分骨骼化石。最后，吉林大学地质博物馆获得了这些化石，经过仔细修理后移除了有问题的骨头。

左龙

中文名称：左龙
拉丁学名：*Zuolong*
学名含义：历史人物左宗棠的龙
地质时期：晚侏罗世
化石产地：新疆五彩湾
体型特征：体长 3.1 米
食性：肉食性
类别：虚骨龙类

左龙

这 种肉食恐龙差不多有一头狼那么重，以小蜥蜴、小哺乳动物等小型脊椎动物为食，而自己很可能是更大的肉食恐龙的食物。目前还没有证据证明它们会像狼群一样活动。

菲利猎龙

人 们只发现了菲利猎龙的一部分后腿骨化石，它最初被认为是蒙古蜥鸟龙的幼体，现在则被认为是一个独立的物种。但是也有人认为菲利猎龙可能是临河猎龙的幼体。菲利猎龙是一种掠食性恐龙，捕猎那些比它小的动物。

菲利猎龙

中文名称：菲利猎龙
拉丁学名：*Philovenator*
学名含义：菲利普·J.柯里的猎手
地质时期：晚白垩世
化石产地：内蒙古乌梁素海
体型特征：不详
食性：肉食性
类别：伤齿龙类

羽王龙

羽王龙是我们发现的第一种带毛的暴龙类，也是迄今为止发现的最大的带毛恐龙。这些毛都是原始的丝状羽毛，只有保暖的作用。一般来讲，体型越大的生物散热越困难，羽王龙的毛暗示着它的生活环境可能比较寒冷。

羽王龙

中文名称：羽王龙	**化石产地**：辽宁北票
拉丁学名：*Yutyrannus*	**体型特征**：体长 9 米
学名含义：有羽毛的王者	**食性**：肉食性
地质时期：早白垩世	**类别**：暴龙类

始中国羽龙

始中国羽龙的翅膀很不发达，羽毛看起来也不能用于飞行，而且它的腿部羽毛很少，脚也更适合行走，因此很可能是一种更擅长奔跑的恐龙。它可能以小昆虫为食，像今天的鸡类一样生活。

始中国羽龙的翅膀很不发达，是一种更擅长奔跑的恐龙。

始中国羽龙

中文名称：始中国羽龙	
拉丁学名：*Eosinopteryx*	
学名含义：原始的中国羽翼	
地质时期：中侏罗世	
化石产地：河北热河	
体型特征：体长 0.3 米	
食性：肉食性	
类别：近鸟龙类	

羽王龙身上有着原始的丝状羽毛，只有保暖的作用，暗示着它所生活的环境比较寒冷。

大塘龙

大塘龙属于原始的鲨齿龙类恐龙，是一种非常强大的肉食恐龙，看上去威武极了，是当时大塘盆地的顶级掠食者。大塘龙的发现弥补了中国南方大型兽脚类恐龙的空白。

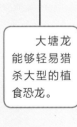

大塘龙

中文名称：大塘龙
拉丁学名：*Datanglong*
学名含义：大塘镇的龙
地质时期：早白垩世
化石产地：广西南宁
体型特征：8～9米
食性：肉食性
类别：鲨齿龙类

大塘龙能够轻易猎杀大型的植食恐龙。

杂食性恐龙

明星恐龙

Beipiaosaurus 北票龙
Suzhousaurus 肃州龙
Oviraptor 窃蛋龙
Caudipteryx 尾羽龙
Gigantoraptor 巨盗龙

杂食性恐龙档案馆

Beishanlong 北山龙
Shenzhousaurus 神州龙
Limusaurus 泥潭龙
Jianchangosaurus 建昌龙
Ningyuansaurus 宁远龙
Archaeornithomimus 古似鸟龙
Sinornithomimus 中国似鸟龙
Banji 斑嵴龙
Avimimus 拟鸟龙
Jiangxisaurus 江西龙
Machairasaurus 曲剑龙
Ganzhousaurus 赣州龙
Nankangia 南康龙
Yulong 豫龙

Wulatelong 乌拉特龙
Shixinggia 始兴龙
Heyuannia 河源龙
Similicaudipteryx 似尾羽龙
Protarchaeopteryx 原始祖鸟
Alxasaurus 阿拉善龙
Incisivosaurus 切齿龙
Neimongosaurus 内蒙古龙
Nanshiungosaurus 南雄龙
Erliansaurus 二连龙

北票龙长着植食动物的头和牙齿，却有着肉食恐龙的骨架和四肢。

这副大爪子是用来刨开蚁穴或土壤的最佳工具。

北票龙身上长着细丝状的原始羽毛。它的发现证实了镰刀龙类恐龙身上也长有羽毛，也再次确认镰刀龙类属于兽脚类恐龙。

北票龙

北票龙由徐星等古生物学家于 1999 年命名。北票龙长着和中华龙鸟一样的细丝状原始羽毛。徐星等人提出，包括暴龙在内的许多兽脚类恐龙可能都发育有类似的结构，但由于不具备良好的保存条件，在形成化石的时候没能保存下来。北票龙的发现改变了传统恐龙浑身鳞片的形象，它可能全身长着一种形态较为原始的羽毛。虽然这一观点在今天已经逐渐被接受，但在当时是颇具颠覆性的设想。

更为奇异的是，包括北票龙在内的镰刀龙类，是一类非常特殊的恐龙，它们虽然长着植食动物的头和牙齿，却有着一副肉食恐龙的骨架和四肢，因此长期以来，人们对北票龙的食性一直都有争议。现在多数研究人员倾向于它是肉食的，那副大爪子可以用来刨开蚁穴或土壤，以捕食无脊椎动物。

北票龙

中文名称：北票龙
拉丁学名：*Beipiaosaurus*
学名含义：北票的蜥蜴
地质时期：早白垩世
化石产地：辽宁北票
体型特征：体长 1.8 米
食性：杂食性
类别：镰刀龙类

肃州龙

中文名称：肃州龙
拉丁学名：*Suzhousaurus*
学名含义：肃州（酒泉旧称）的蜥蜴
地质时期：晚白垩世
化石产地：甘肃俞井子盆地
体型特征：体长 6 米
食性：杂食性
类别：镰刀龙类

这些前肢利爪既是防御武器，也是掘土取食的工具。

小龙虫

分类——恐龙界的尴尬事

事实上，很多恐龙标本被发掘出来的时候只剩下很少一部分，因此很难确定它到底是不是一个新物种，因为很多已经命名的恐龙化石也是残缺的！比如，有科学家根据一条腿骨命名了一种恐龙，当人们后来找到也许是同种恐龙的椎骨时，很难用椎骨去和腿骨比较，也就无法得知这块椎骨和腿骨是否属于同一个物种。除非某一天，他在某个标本上同时找到这种椎骨和腿骨。

虽然目前人们只发现了肃州龙的部分骨骼，并没有找到头骨，但毫无疑问它是白垩纪最大型的镰刀龙之一。

肃州龙是迄今发现的相貌最奇特的恐龙，看上去就像退了毛的巨型火鸡！

肃州龙

肃州龙发现于 2007 年，由古生物学家李大庆命名。根据现在的推测，体型巨大的肃州龙造型非常奇特，体态如同地懒一般，后者是曾经生活在南美地区的一种巨大且行动缓慢的动物。肃州龙很可能不擅长运动，它行动缓慢，但是前肢的利爪是有力的武器，能够保护它免受捕食者的骚扰。这些利爪很可能也是它的取食工具，被用于挖掘土地，它也许会吃土栖昆虫或者植物的根茎，当然，也有可能会捕捉一些诸如鱼类这样的小动物。

成年窃蛋龙的头上长
着头冠，嘴巴很短，有点
像鹦鹉嘴龙的喙状嘴，不
过它的上唇非常明显地向
下弯曲，看起来有些奇怪。

窃蛋龙有点像今天
的鸵鸟或鸸鹋，不过它
的前肢发达，遇到敌人
时不仅可以奔跑、撕咬，
还能攀爬和撕打。它以
植物和小动物为食，被
认为是杂食性恐龙。

窃蛋龙

中文名称：窃蛋龙
拉丁学名：*Oviraptor*
学名含义：偷蛋盗贼
地质时期：晚白垩世
化石产地：内蒙古
体型特征：体长约 2 米
食性：杂食性
类别：窃蛋龙类

窃蛋龙

窃蛋龙是我们了解得比较多的恐龙，这得益于大量的窃蛋龙化石。但是，最初窃蛋龙的发现却导致了一个大冤案。1923年，美国古生物学家安德鲁斯在蒙古大戈壁上发现一具恐龙骨架正趴在一窝原角龙的蛋上。当时的科学家认为它正在偷其他恐龙的蛋，于是给它起了一个很不好听的名字——"窃蛋龙"。尽管后来的研究发现，这窝蛋很可能是窃蛋龙自己的蛋，它应该是在孵蛋，但是这个糟糕的名声已经传播出去了。

窃蛋龙产下的蛋非常细长，在窝里会成对地排列成两层环状平放，中间的位置是空地，由成年恐龙坐上去。窃蛋龙会用长满羽毛的前肢和尾巴覆盖住蛋进行孵化。

尾羽龙的尾巴上生有带羽轴的长羽毛，组成"尾扇"。不过这些羽毛在羽轴两侧呈对称分布，表明它比鸟类的羽毛更为原始，也没有飞行的功能。

尾羽龙

中文名称：尾羽龙
拉丁学名：*Caudipteryx*
学名含义：尾巴的羽翼
地质时期：早白垩世
化石产地：辽宁
体型特征：体长 0.6~1 米
食性：杂食性
类别：窃蛋龙类

除了尾巴，尾羽龙的前肢也长有类似的羽毛，这些羽毛可能在求偶等活动中起到展示作用。

尾羽龙

尾羽龙描述于 1998 年，尽管它的发现晚于一些带原始羽毛的恐龙，但它是人们看到的第一种长有真正羽毛的恐龙。尾羽龙身体纤小，骨骼轻盈，腿很长，腿部肌肉发达，这表明它的奔跑能力很强，可以利用速度来捕捉猎物、逃避天敌。由于其前肢细小，爪子也不大，尾羽龙的攀爬能力可能比较差，不是树栖的物种。

尾羽龙生活在降雨充沛的林地以及潮湿的湖边，嘴里长有锋利的小牙齿，可能会捕猎一些小动物。同时，尾羽龙化石中还发现了胃石，而胃石往往是植食恐龙才有的，它们用吞下去的石头将胃里的食物磨碎。尾羽龙化石中的小胃石多达数百枚，说明它具有一定的植食特性。因此综合分析，尾羽龙很可能是杂食性恐龙。

巨盗龙

中文名称：巨盗龙

拉丁学名：*Gigantoraptor*

学名含义：巨型盗贼

地质时期：晚白垩世

化石产地：内蒙古二连浩特

体型特征：体长 8 米

食性：杂食性

类别：窃蛋龙类

巨盗龙虽然体型很大，却长着和鹦鹉一样的嘴巴，身上生有羽毛，是一种和鸟类亲缘关系非常近的恐龙。

一般情况下，恐龙的体型越大，和鸟类的亲缘关系就会越远，但巨盗龙显然是个例外——虽然它很大，和鸟的关系却很密切。

巨盗龙

巨盗龙是迄今为止发现的最大的窃蛋龙类恐龙，身高可达 5 米，这样的体型几乎可以与暴龙相提并论。它的后肢纤细，小腿比大腿长，因此它应该是一种非常善于奔跑的恐龙，甚至可能是同体型恐龙中的奔跑冠军。

巨盗龙生活在季节性干旱——湿润气候的树林中，因为体型高大，它也许能吃到高处的叶子，也比体型较小的同类更善于保护自己，它的奔跑能力也能帮它摆脱险境。

巨盗龙体型巨大却很轻盈，计算机断层扫描显示，它的脊椎骨中有海绵状结构，这既能保证骨骼的强度，又能有效减轻体重。

小链接

巨大的恐龙蛋

在亚洲，科学家曾发现过直径达 3 米的环形巢，而巢中的恐龙蛋长达 0.5 米，这些恐龙蛋应该来自体型巨大的窃蛋龙类，如巨盗龙。

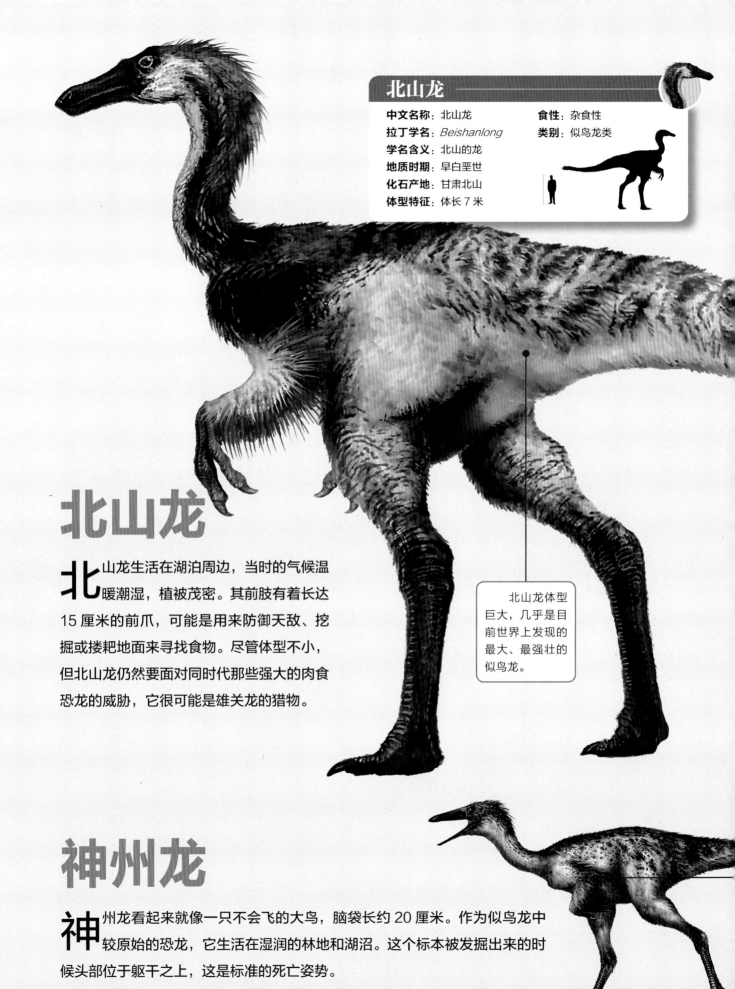

北山龙

中文名称：北山龙	食性：杂食性
拉丁学名：*Beishanlong*	类别：似鸟龙类
学名含义：北山的龙	
地质时期：早白垩世	
化石产地：甘肃北山	
体型特征：体长 7 米	

北山龙

北山龙生活在湖泊周边，当时的气候温暖潮湿，植被茂密。其前肢有着长达 15 厘米的前爪，可能是用来防御天敌、挖掘或搂耙地面来寻找食物。尽管体型不小，但北山龙仍然要面对同时代那些强大的肉食恐龙的威胁，它很可能是雄关龙的猎物。

北山龙体型巨大，几乎是目前世界上发现的最大、最强壮的似鸟龙。

神州龙

神州龙看起来就像一只不会飞的大鸟，脑袋长约 20 厘米。作为似鸟龙中较原始的恐龙，它生活在湿润的林地和湖沼。这个标本被发掘出来的时候头部位于躯干之上，这是标准的死亡姿势。

泥潭龙

泥潭龙的重要意义在于其奇特的手指头。一般认为，兽脚类恐龙的前肢拥有相当于人类拇指（第一指）、食指（第二指）和中指（第三指）的手指，但鸟类在胚胎发育过程中，五指最终会保留下来第二、第三、第四指形成翅膀，与兽脚类明显不同，这是反对鸟类起源自恐龙观点的重要论据。而泥潭龙的第一指退化程度很高，第二、第三、第四指却很发达，与鸟类相同，这一方面显示了兽脚类恐龙手指演化的复杂性，同时也为鸟类起源自恐龙提供了新证据。

泥潭龙

中文名称：泥潭龙
拉丁学名：*Limusaurus*
学名含义：泥里的蜥蜴
地质时期：晚侏罗世
化石产地：新疆准噶尔盆地
体型特征：体长 2 米
食性：杂食性
类别：角鼻龙类

神州龙

中文名称：神州龙
拉丁学名：*Shenzhousaurus*
学名含义：神州的蜥蜴
地质时期：早白垩世
化石产地：辽宁北票
体型特征：体长 1.6 米
食性：杂食性
类别：似鸟龙类

在神州龙的腹腔内人们发现了许多小石子，这些小石子可能被当作胃石来帮助消化。

建昌龙

建昌龙拥有独特的类似鸟脚类及角龙类的牙齿和颌骨，这表明它的演化地位比较原始，有研究认为它是亚洲已知最原始的镰刀龙类恐龙，具有发达的手爪。

建昌龙

中文名称：建昌龙
拉丁学名：*Jianchangosaurus*
学名含义：建昌的蜥蜴
地质时期：早白垩世
化石产地：辽宁建昌
体型特征：体长2米
食性：杂食性
类别：镰刀龙类

宁远龙

宁远龙的外形看起来可能很像一只鸡。宁远龙可能是杂食性的，它也许捕食小昆虫，也吃一些种子，古生物学家在其胃部发现了不少种子。

宁远龙

中文名称：宁远龙
拉丁学名：*Ningyuansaurus*
学名含义：宁远（兴城旧称）的蜥蜴
地质时期：早白垩世
化石产地：辽宁建昌
体型特征：不详

宁远龙有一件具有头骨和下颌的完整骨架，属于非常原始的窃蛋龙类。

建昌龙的后肢适合奔跑，可能生活在植物茂密的地方。

古似鸟龙的头很小，眼睛比较大，上下颌没有牙齿，但可能有角质喙。此外，它还拥有细脖子和长尾巴。

古似鸟龙长着细长、顶端有爪的前肢和强有力的三趾式脚。

古似鸟龙

古似鸟龙生活在季节性干旱——潮湿的林地中，是一种身高像大鸵鸟、双足行走的似鸟龙类恐龙，有着轻巧、苗条的体形以及如鸟般的外貌。古似鸟龙善于奔跑，主要捕食昆虫和其他一些小动物，也吃果子。同时，它很可能是独龙的猎物。

古似鸟龙

中文名称：古似鸟龙
拉丁学名：*Archaeornithomimus*
学名含义：原始的鸟模仿者
地质时期：晚白垩世
化石产地：内蒙古二连浩特
体型特征：推测体长 3.3 米

食性：杂食性
类别：似鸟龙类

中国似鸟龙

这是一种看起来非常像鸸鹋的恐龙，而且发现的化石数量不少，一些幼体和成体一同被发掘出来，暗示着其多半是群居性恐龙。它们吞下石头研磨食物，应该是能够消化植物性食物的恐龙。中国似鸟龙与吉兰泰龙、假鲨齿龙共享栖息地，但这听起来并不像是个好消息。

和其他似鸟龙相比，中国似鸟龙看起来更加粗壮。

斑嵴龙可能会吃昆虫或者其他小猎物。

斑嵴龙

与常见的窃蛋龙类恐龙相比，斑嵴龙有一些不同，研究人员认为它可能是窃蛋龙中比较原始的类群，却一直生活到了恐龙时代即将结束的时期。

斑嵴龙

中文名称：斑嵴龙
拉丁学名：*Banji*
学名含义：有带斑点的顶饰
地质时期：晚白垩世
化石产地：江西赣州
体型特征：幼体体长65厘米
食性：杂食性
类别：窃蛋龙类

幼体

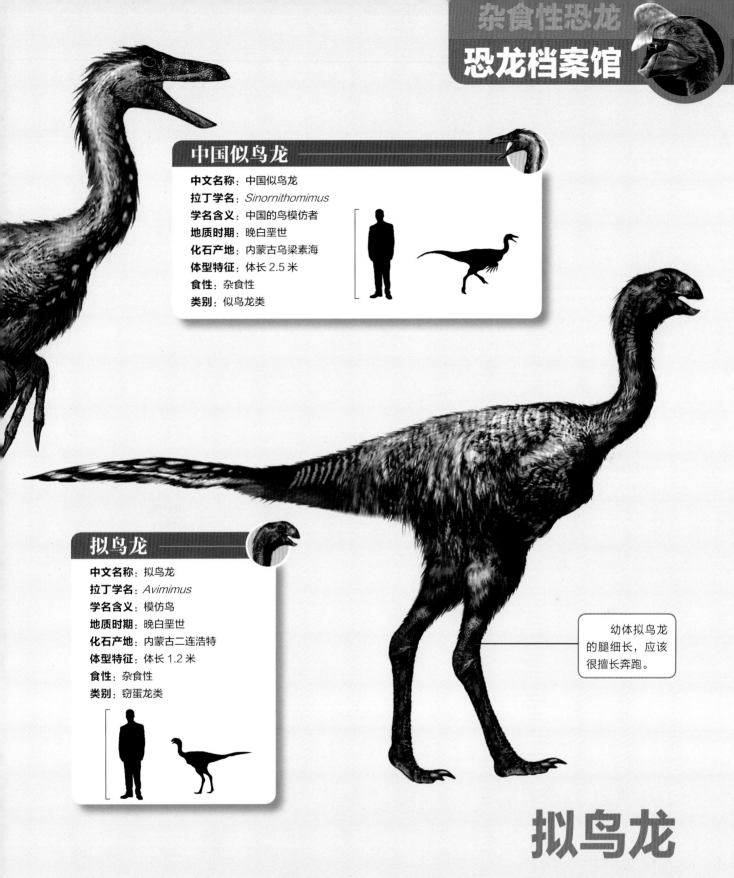

中国似鸟龙

中文名称：中国似鸟龙
拉丁学名：*Sinornithomimus*
学名含义：中国的鸟模仿者
地质时期：晚白垩世
化石产地：内蒙古乌梁素海
体型特征：体长 2.5 米
食性：杂食性
类别：似鸟龙类

拟鸟龙

中文名称：拟鸟龙
拉丁学名：*Avimimus*
学名含义：模仿鸟
地质时期：晚白垩世
化石产地：内蒙古二连浩特
体型特征：体长 1.2 米
食性：杂食性
类别：窃蛋龙类

幼体拟鸟龙的腿细长，应该很擅长奔跑。

拟鸟龙

拟鸟龙看起来像极了一只鸡或者类似的鸟，当然，它的体型更大，有一张桌子那么长，如果这样巨大的一只"鸡"从你身边走过，你多半心里会发毛吧？它生活在季节性干旱——湿润气候的树林中，可能以昆虫为食，也可能是杂食性恐龙。

153

江西龙

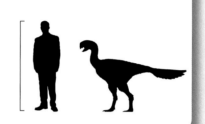

和其他大多数窃蛋龙类恐龙一样，江西龙没有牙齿。
江西龙的种名为"赣州"，表明了其发现地点。而
在赣州以及其南
部的南雄盆地，
我们还发现过大
量的窃蛋龙类恐
龙蛋。

江西龙

中文名称：江西龙
拉丁学名：*Jiangxisaurus*
学名含义：江西的蜥蜴
地质时期：晚白垩世
化石产地：江西赣州
体型特征：体长 2 米
食性：杂食性
类别：窃蛋龙类

曲剑龙

曲剑龙前肢上的爪子非常突出，就像长长的钩子，也
许像铁钩一样锋利。这样的爪子可以捕获猎物，
但有学者认为，这样的长爪子是用来钩住树枝，
或者挖掘土地，以便寻找植物的根来吃。这
些虽然只是推测，但显然曲剑龙是偏向
杂食性的恐龙。

曲剑龙

中文名称：曲剑龙
拉丁学名：*Machairasaurus*
学名含义：窄爪子蜥蜴
地质时期：晚白垩世
化石产地：内蒙古乌拉特后旗
体型特征：体长 1.5 米
食性：杂食性
类别：窃蛋龙类

前肢上又长
又锋利的爪子可
能是用来猎捕食
物的武器。

江西龙的口中没有一颗牙齿。

由于信息有限，科学家只能推测赣州龙可能是植食性恐龙，但也可能吃一些小动物。

赣州龙

中文名称：赣州龙
拉丁学名：*Ganzhousaurus*
学名含义：赣州的蜥蜴
地质时期：晚白垩世
化石产地：江西赣州
体型特征：体长 2 米?
食性：杂食性
类别：窃蛋龙类

赣州龙

赣 州龙混合着原始和进步的特征，这意味着它应该属于过渡类型的恐龙。由于化石不太完整，我们目前还无法准确估计出它的体型。赣州龙也许会捕食小动物，但也可能是个植食主义者。

155

南康龙

与同一地点发现的斑嵴龙、赣州龙以及江西龙相比，南康龙的下颌特征明显不同，它的嘴巴能张开的幅度明显小于这些同类，因此，它是一个比较特别的窃蛋龙类新物种。

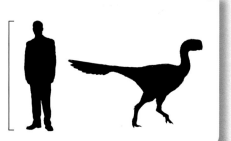

南康龙的下颌特征和它的同类有明显的差异，因此它是窃蛋龙类的新物种。

豫龙

由于大多数窃蛋龙类恐龙的体型都在 1~8 米之间，像鸡一样大小的豫龙无疑是非常小型的窃蛋龙类。事实上，它很可能是已知最小的窃蛋龙类。不过，发现的豫龙化石很可能是幼体的化石，幼体可能在孵化以后就独立生活了。

体型如鸡一般大小的豫龙可能是目前已知最小的窃蛋龙类。

乌拉特龙

乌拉特龙的骨骼特征较为原始，其演化地位可能介于原始窃蛋龙类和其他窃蛋龙类之间。乌拉特龙可能和巨嘴龙、原角龙、绘龙、伶盗龙、菲利猎龙和临河猎龙等恐龙生活在相同的栖息地中。

乌拉特龙

中文名称：乌拉特龙

拉丁学名：*Wulatelong*

学名含义：乌拉特的龙

地质时期：晚白垩世

化石产地：内蒙古临河

体型特征：体长约2米

食性：杂食性

类别：窃蛋龙类

始兴龙

始兴龙是在中国南方发现的第二种窃蛋龙类恐龙。虽然至今没有发现它的头骨，但一些科学家依然根据其他的骨骼特征将其归为窃蛋龙类。而另一些科学家则认为，它更可能是近颌龙。与更进步的河源龙一样，始兴龙也需要更进一步的研究。

始兴龙

中文名称：始兴龙
拉丁学名：*Shixinggia*
学名含义：始兴的龙
地质时期：晚白垩世
化石产地：广东始兴
体型特征：体长 2 米
食性：杂食性
类别：窃蛋龙类

河源龙

广东河源发现了多具河源龙化石，当地发现的一些恐龙蛋化石也极有可能属于河源龙。如果真是这样，那么当地应该曾经生活着相当多的河源龙。这是窃蛋龙类在戈壁沙漠以外发现的另一个大群体，它们的出现使人们对窃蛋龙类的古地理分布有了更深入的了解。

河源龙

中文名称：河源龙
拉丁学名：*Heyuannia*
学名含义：河源的龙
地质时期：晚白垩世
化石产地：广东河源
体型特征：体长 1.5 米
食性：杂食性
类别：窃蛋龙类

似尾羽龙

顾名思义，似尾羽龙与尾羽龙非常相似，它如火鸡般大小，生活在湿润的林地中和湖泊边。作为小型恐龙，它捕食比自己小的动物，也会吃一些植物的种子。

似尾羽龙是一种小型恐龙，会捕食比自己体型小的动物，也吃一些植物的种子。

似尾羽龙

中文名称：似尾羽龙
拉丁学名：*Similicaudipteryx*
学名含义：和尾羽龙很相似
地质时期：早白垩世
化石产地：辽宁建昌
体型特征：体长 1 米
食性：杂食性
类别：窃蛋龙类

阿拉善龙生活在
植物繁茂的河谷，银
杏或早期的被子植物
是它主要的食物来源。

原始祖鸟

原始祖鸟是热河生物群中发现的第二只长毛的兽脚类恐龙。最初学者认为，原始祖鸟是和始祖鸟一样古老的鸟类，但之后认为它仍然属于手盗龙类，尚未进化到鸟类的水平。近年有研究表明，原始祖鸟和切齿龙可能是非常相似的物种。

原始祖鸟

中文名称：原始祖鸟
拉丁学名：*Protarchaeopteryx*
学名含义：原始的始祖鸟
地质时期：早白垩世
化石产地：辽宁义县
体型特征：体长 0.8 米

食性：杂食性
类别：窃蛋龙类

阿拉善龙与其同类相
比，前肢很长，可以轻易
地将树枝拽到嘴里。但是
它长长的爪子比较直，可
能并不擅长抓住猎物。

原始祖鸟的尾部
长有真正的羽毛，具
有细长的羽轴和对称
的羽片，其化石是世
界上首度在非鸟生物
类群中发现的具有典
型羽毛结构的化石。

阿拉善龙

阿拉善龙站起来大概有 1.5 米高，体重可能和一头斑马差不多。这种身材瘦长的镰刀龙类恐龙以啃食银杏或早期的被子植物为生。

阿拉善龙

中文名称：阿拉善龙
拉丁学名：*Alxasaurus*
学名含义：阿拉善的蜥蜴
地质时期：晚白垩世
化石产地：内蒙古阿拉善盟
体型特征：体长 4 米
食性：杂食性
类别：镰刀龙类

切齿龙是迄今为止发现的最原始的窃蛋龙类。

切齿龙

窃蛋龙类是兽脚类恐龙中极不寻常的一个族群，它们伴生着高度特化的头骨构造，头骨短而高，没有牙齿。有别于其他窃蛋龙类，切齿龙最明显的特征是具有一对颌前齿，类似啮齿类动物的门齿，并伴生着小型、枪尖形的颊齿，咬嚼面较大。这些牙齿的特征，在兽脚类恐龙中首次发现，推论其服务于一种植食性的觅食行为。

切齿龙

中文名称：切齿龙
拉丁学名：*Incisivosaurus*
学名含义：长着切齿的蜥蜴
地质时期：早白垩世
化石产地：辽宁北票
体型特征：体长 0.8 米
食性：杂食性
类别：窃蛋龙类

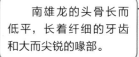

南雄龙的头骨长而低平，长着纤细的牙齿和大而尖锐的喙部。

南雄龙

中文名称：南雄龙
拉丁学名：*Nanshiungosaurus*
学名含义：南雄的蜥蜴
地质时期：晚白垩世
化石产地：广东南雄
体型特征：体长 5 米
食性：杂食性
类别：镰刀龙类

内蒙古龙脚上的趾骨近端非常发达，暗示着它的脚部要比同类发达。

内蒙古龙

中文名称：内蒙古龙
拉丁学名：*Neimongosaurus*
学名含义：内蒙古的蜥蜴
地质时期：晚白垩世
化石产地：内蒙古二连浩特
体型特征：体长 3 米
食性：杂食性
类别：镰刀龙类

内蒙古龙

内蒙古龙在镰刀龙类里算是脖子较长的一员，它的脖子大约有 0.7 米长。它也长着镰刀龙类标志性的大爪子。内蒙古龙生活在季节性干旱——湿润气候的树林中，与二连龙共享栖息地。

南雄龙

尽管还没有确切的证据，但是作为镰刀龙类，南雄龙应该也拥有巨大的指爪。古生物学家最初认为它很可能生活在湖畔或者河流岸边，并且非常善于捕鱼，但这仅仅是学者的猜测而已。

> 巨大的指爪是镰刀龙类的特征，南雄龙也不例外。

二连龙

连龙的爪子非常锋利，它也许很善于挖掘，能够吃到深藏在地里的食物。根据演化中的位置，以及其他镰刀龙类身上所发现的类似羽毛的覆盖物推测，二连龙身上可能也长有类似的覆盖物。

二连龙

中文名称：二连龙
拉丁学名：*Erliansaurus*
学名含义：二连浩特的蜥蜴
地质时期：晚白垩世
化石产地：内蒙古二连浩特
体型特征：体长 4 米
食性：杂食性
类别：镰刀龙类

> 一如其他镰刀龙类，二连龙也拥有宽广的臀部，其中可能隐藏着大型的消化系统，用来消化植物。

明星恐龙

Lufengosaurus 禄丰龙
Jingshanosaurus 金山龙
Yunnanosaurus 云南龙
Gongxianosaurus 珙县龙
Nebulasaurus 云龙
Shunosaurus 蜀龙
Datousaurus 酋龙
Bellusaurus 巧龙
Omeisaurus 峨眉龙
Chuanjiesaurus 川街龙
Yandusaurus 盐都龙
Agilisaurus 灵龙

Huayangosaurus 华阳龙
Gigantspinosaurus 巨刺龙
Tuojiangosaurus 沱江龙
Wuerhosaurus 乌尔禾龙
Tianyulong 天宇龙
Mamenchisaurus 马门溪龙
Qijianglong 綦江龙
Euhelopus 盘足龙
Tsintaosaurus 青岛龙
Psittacosaurus 鹦鹉嘴龙
Zhuchengceratops 诸城角龙
Sinoceratops 中国角龙

植食性恐龙

植食性恐龙档案馆

Yimenosaurus 易门龙
Chinshakiangosaurus 金沙江龙
Yuanmousaurus 元谋龙
Abrosaurus 文雅龙
Daanosaurus 大安龙
Hudiesaurus 蝴蝶龙
Fusuisaurus 扶绥龙
Dongbeititan 东北巨龙
Huanghetitan 黄河巨龙
Jiutaisaurus 九台龙
Ruyangosaurus 汝阳龙
Gobititan 戈壁巨龙
Daxiatitan 大夏巨龙
Baotianmansaurus 宝天曼龙
Jiangshanosaurus 江山龙
Huabeisaurus 华北龙
Dongyangosaurus 东阳龙
Qingxiusaurus 青秀龙
Chuxiongosaurus 楚雄龙
Qiaowanlong 桥湾龙
Xianshanosaurus 岘山龙
Tonganosaurus 通安龙
Liubangosaurus 六榜龙
Gannansaurus 赣南龙
Xinjiangtitan 新疆巨龙
Yongjinglong 永靖龙
Yunmenglong 云梦龙
Huangshanlong 黄山龙
Sonidosaurus 苏尼特龙

Borealosaurus 北方龙
Gobisaurus 戈壁龙
Liaoningosaurus 辽宁龙
Xiaosaurus 晓龙
Tianzhenosaurus 天镇龙
Pinacosaurus 绘龙
Crichtonsaurus 克氏龙
Zhejiangosaurus 浙江龙
Dongyangopelta 东阳盾龙
Taohelong 洮河龙
Shanxia 山西龙
Tianchisaurus 天池龙
Chuanqilong 传奇龙
Jiangjunosaurus 将军龙
Zhongyuansaurus 中原龙
Bienosaurus 卞氏龙
Hongshanosaurus 红山龙
Chialingosaurus 嘉陵龙
Hexinlusaurus 何信禄龙
Jeholosaurus 热河龙
Lanzhousaurus 兰州龙
Changchunsaurus 长春龙
Probactrosaurus 原巴克龙
Jinzhousaurus 锦州龙

Equijubus 马鬃龙
Shuangmiaosaurus 双庙龙
Bactrosaurus 巴克龙
Gilmoreosaurus 计氏龙
Wulagasaurus 乌拉嘎龙
Tanius 谭氏龙
Shantungosaurus 山东龙
Nanningosaurus 南宁龙
Sahaliyania 萨哈里彦龙
Amurosaurus 阿穆尔龙
Huaxiaosaurus 华夏龙
Jintasaurus 金塔龙
Xuwulong 叙五龙
Yunganglong 云冈龙
Yueosaurus 越龙
Zhanghenglong 张衡龙
Yinlong 隐龙
Mandschurosaurus 满洲龙
Chaoyangsaurus 朝阳龙
Xuanhuaceratops 宣化角龙
Liaoceratops 辽宁角龙
Archaeoceratops 古角龙
Protoceratops 原角龙
Helioceratops 太阳角龙
Magnirostris 巨嘴龙
Wannanosaurus 皖南龙
Ischioceratops 坐角龙

165

它的牙齿细小而密集，便于吞食植物，这是它作为植食性恐龙的证据。

禄丰龙

中文名称： 禄丰龙
拉丁学名： *Lufengosaurus*
学名含义： 禄丰的蜥蜴
地质时期： 早侏罗世
化石产地： 中国云南
体型特征： 体长 9 米
食性： 植食性
类别： 基干蜥脚型类

禄丰龙长着一条粗壮的大尾巴，奔走时能帮助身体保持平衡，站立时则能起到支持的作用。

禄丰龙

抗日战争时期，中国老一辈古生物学家杨钟健先生和同事们在云南省禄丰县发现了禄丰龙，它是中国发现的第一具完整的恐龙化石标本。到目前为止，已有近百个完整的禄丰龙个体被发现。禄丰龙的前肢比后肢短，应该既可以四足行走，也可以两足行走。依靠后肢站立起来的禄丰龙能吃到高处的枝叶，但是由于颈椎骨构造简单，它的长脖子似乎并不灵活。

目前认为禄丰龙有两种，即许氏禄丰龙和巨型禄丰龙。巨型禄丰龙的体型比许氏禄丰龙大三分之一，脊椎骨也更加粗壮，除此之外区别很少，因此也有学者认为巨型禄丰龙与许氏禄丰龙是同一种恐龙，只是年龄不同。●

禄丰龙的头部狭长，头骨上面的各个孔都比较小，说明上面没有附着强壮的肌肉，因此可推断它的咬合力应该不强。

金山龙

1988 年 10 月，云南省禄丰县金山镇新洼村的山坡上发现了金山龙化石，并于 1995 年被命名。它的头骨较小，头长只有 37.5 厘米，还没有一台 15 英寸的显示器大，但是它的身长却比小公共汽车还长。金山龙嘴里的牙齿并不少，说明这个小脑袋家伙的摄食能力还是不错的。

金山龙的骨骼重而粗壮，前肢短，仅有后肢的一半多一点，应该既能两足直立行走，也能用四肢爬行。金山龙有 14 个背椎，腰带是典型的基干蜥脚型类腰带，肠骨较低，耻骨、坐骨粗壮。这样的形态暗示人们，生活在云南禄丰盆地、湖边、丛林里的金山龙，应该主要以植物为食。但它也许会游泳，并且有可能偶尔吃一些小动物，例如一些软体动物、小鱼以及小昆虫，但这些仅仅是推测而已。

金山龙

中文名称：金山龙
拉丁学名：*Jingshanosaurus*
学名含义：金山的蜥蜴
地质时期：早侏罗世
化石产地：云南禄丰
体型特征：体长 9 米
食性：植食性
类别：基干蜥脚型类

金山龙的脖子长长的，有10块颈椎骨，脖子的长度大约占身体长度的三分之一。

金山龙嘴里的牙齿不少，这些匙状牙齿排列成较长的齿列，上下颌牙齿各为20或21枚。

小链接

基干蜥脚型类恐龙

基干蜥脚型类恐龙，也就是原先的原蜥脚类类群，是生活在晚三叠世到早侏罗世的植食恐龙，全球各地均有分布。基干蜥脚型类恐龙包括当时的一些中大型恐龙，有学者认为基干蜥脚型类恐龙是后来巨型蜥脚类恐龙的远亲，但这一观点尚有争议。

云南龙的脑袋较小，呈三角形。嘴里长有小型的齿列，并且呈筒状，边缘扁平，像凿子一般，不过牙齿尖端沿一定角度磨蚀形成了尖锐的咀嚼面，这一点很像后来出现的蜥脚类恐龙的齿型。

云南龙的前肢较短，可能经常两足行走，这样一来它们就能伸长脖子吃高处的叶子了。

云南龙

云南龙应该是很纯粹的植食恐龙，尽管它的体型无法和后来庞大的蜥脚类恐龙相提并论，但是已经具有其雏形。

第一具云南龙化石是在 1939 年被发现的，1942 年由杨钟健描述并命名为黄氏云南龙。随着发现的云南龙标本越来越多，学者怀疑其中可能隐藏着另一种云南龙。2007 年，经过研究，学者在原有的黄氏云南龙的基础上，又命名了一种杨氏云南龙，其命名是为了纪念云南龙的发现者——著名古生物学家杨钟健先生。杨氏云南龙生活在更晚的中侏罗世，而且体型更大，也许能长到 13 米长，如果这一推测成立的话，那么云南龙类的体型就要改写了。

云南龙

中文名称： 云南龙
拉丁学名： *Yunnanosaurus*
学名含义： 云南的蜥蜴
地质时期： 早侏罗世
化石产地： 云南禄丰
体型特征： 体长 5 米
食性： 植食性
类别： 基干蜥脚型类

171

珙县龙保留下来的骨骼化石比较完整，属于较为原始的蜥脚类恐龙，被认为是从基干蜥脚型类恐龙向蜥脚类恐龙演化的中间环节。

与基干蜥脚型类恐龙相比，珙县龙的前肢更为粗壮，可以想象在亿万年前，它四平八稳地在四川大地上行走。

珙县龙

中文名称： 珙县龙
拉丁学名： *Gongxianosaurus*
学名含义： 珙县的蜥蜴
地质时期： 早侏罗世
化石产地： 四川珙县
体型特征： 体长 11 米
食性： 植食性
类别： 蜥脚类

珙县龙

1997年5月，四川省地质矿产勘查开发局在进行区域调查时，偶然在宜宾珙县石碑乡红沙村的玉米地里敲开了一块紫红色岩石，并在里面找到一个明显的动物关节头结构，由此珙县龙被发现。

后来，考察队在这里发现了丰富的化石埋藏群，除了珙县龙，还发现了其他恐龙，总共有5只，此外，还有大量的植物、贝类等伴生化石。

四川的化石大多来自中侏罗世和晚侏罗世，因此来自早侏罗世的珙县化石群就显得尤为珍贵，它也是早侏罗世恐龙史上最重要的发现之一。在当地的环境里，珙县龙应该算是个大家伙，尽管年幼时可能要面对各种危险，但是成年后应该能够悠闲自在地生活。它以植物的叶子和嫩枝为食，不过小小的脑袋看起来没有多少智慧。

尽管尾部看起来更加沉重，而脖子相对短小，但珙县龙毫无疑问应属于蜥脚类恐龙。

173

云龙

中文名称：	云龙
拉丁学名：	*Nebulasaurus*
学名含义：	彩云之南——云南的蜥蜴
地质时期：	中侏罗世
化石产地：	云南元谋
体型特征：	体长 8 米
食性：	植食性
类别：	蜥脚类

云龙与棘刺龙的关系

通过骨骼对比，科学家认定云龙应该是棘刺龙（*Spinophorosaurus*）的姐妹类群，因此应该和棘刺龙比较相似。棘刺龙是 2009 年发现于尼日尔的蜥脚类恐龙，估计有 13 米长，重达 10 吨，引人注目的是棘刺龙的尾部末端具有两排长刺，很可能是防御的武器。如果云龙和棘刺龙体态相似的话，它的尾部也很可能长有长刺，使它的尾部具有非常强大的杀伤力，也许只要一击就可以让肉食恐龙重伤。

云龙

2015年，邢立达等人根据在云南省元谋县发现的一件化石命名了云龙。这件化石是一只蜥脚类恐龙的颅骨化石。由于蜥脚类恐龙的颅骨较小，通常很难保存下来，截至目前，全世界发现的蜥脚类颅骨化石非常少。

最初，古生物学家希望能在那里发现更多、更完整的化石，但最后只挖掘到了一些尾椎骨，因此云龙的全貌依然是个谜。不过，从头骨上看，云龙有别于已知的进步的蜥脚类恐龙。

在中侏罗世，这些巨大的恐龙一度徜徉于元谋地区的湖边及林间，与其他一些蜥脚类恐龙一起，啃食植物的嫩枝叶，形成了当地特有的景观。

蜀龙

中文名称：蜀龙
拉丁学名：_Shunosaurus_
学名含义：蜀地的蜥蜴
地质时期：中侏罗世
化石产地：四川自贡
体型特征：体长 9.5 米
食性：植食性
类别：蜥脚类

蜀龙的脚部比较原始，每只前脚还保留着发育的爪子，比晚期的蜥脚类恐龙犀利多了。

蜀龙

到目前为止，四川自贡地区已经发现了多枚蜀龙的骨骼化石，其中包括头骨，所以科学家对于它也有了较多的了解。按照蜥脚类恐龙的标准来看，蜀龙的脖子有点短，而腿部相对于身体来说又有点长，看起来蜀龙并不完全靠脖子扩大取食范围。

由于四肢敏捷，蜀龙很可能善于奔跑，但不可能跑得过肉食恐龙。当然与对方相遇时，蜀龙也未必会逃跑，如果它掉过头来冲撞对方，这小公共汽车一般大小的家伙应该很有杀伤力。而且

它的尾巴也很厉害，骨质的尾棒上长着短刺，可以作为防身工具。肉食恐龙如果和蜀龙单挑的话是没有多大胜算的，而且蜀龙很可能是很合群的动物，也许会有群体防卫的行为。

蜀龙的牙齿长而细，形似勺子，排列密集，但并不粗壮。这样的牙齿只适合吃些柔软的植物，所以它应该主要生活在河畔湖滨地带，以柔嫩多汁的植物或低矮树上的嫩枝嫩叶为食。

蜀龙长着四条长腿，所以行动速度会比同类快一些。

骨质的尾棒上长着短刺，可作为防身工具。

177

酋龙

目前科学家已经发现了酋龙的部分颅骨和其他骨骼。它的头骨比一般蜥脚类恐龙大许多，因此才有了"大脑袋"的别名。它的颌骨很粗壮、厚重，再加上牙齿粗大，嘴巴应该很有力，至少对枝叶不会那么挑剔。

此外，酋龙长着长长的脖子，因为前肢较长，所以拥有一个稍高的肩带，这样的体态能帮助它吃到高处的枝叶。它生活在茂密的林地，与蜀龙和峨眉龙共享栖息地。

酋龙的头大而厚重，看起来要比同类大不少。

酋龙

中文名称： 酋龙
拉丁学名： *Datousaurus*
学名含义： 大头的蜥蜴
地质时期： 晚侏罗世
化石产地： 四川自贡
体型特征： 体长 10 米
食性： 植食性
类别： 蜥脚类

小链接

成群与非成群的蜥脚类

植食性的蜥脚类恐龙有着特殊的生殖方式，它们并不照顾后代，但会产下较多的卵。因此，幼年的蜥脚类恐龙孵化后很可能要独立生活，它们会自发聚集形成小群，以便通过群体的力量增加生存概率，但即使如此，小恐龙也很容易被天敌捕杀。大型蜥脚类恐龙可能依然是成群活动，但并不是和小恐龙在一起，而是和另外的群体一起活动。同时，另一些蜥脚类个体则可能倾向于单独活动。不过，对于成年恐龙而言，肉食性恐龙的威胁要小得多。

巧龙

巧龙是一种较小的恐龙。在同一个骨床中，古生物学家一次找到了 17 个相似的遗骸，并在 1990 年正式将其定名为"苏氏巧龙"。"苏氏"是纪念已经去世的苏有玲先生，巧龙是他生前修复的最后一只恐龙。2003 年，在同一个化石坑中，中国和美国组成的联合科考队又采集到了数只恐龙的遗骸。

科学家根据这些化石推定，巧龙的体长应该在 5 米左右，颈部短小，是小型的蜥脚类恐龙。这些化石基本上都是幼年恐龙，尽管有人认为其中可能存在成年恐龙的遗骸，但更可能是一些成群活动的小恐龙。事实上，有人怀疑同样发现于新疆沙漠的戈壁克拉美丽龙很可能是该恐龙的成年状态，后者大约有 17 米长。

成年的巧龙体长也许能达到 15 米，并且脖子较长。

巧龙牙齿小，呈勺状，比较适合吃幼嫩的植物。其埋藏状态显示，它们也许像今天的大象一样成群地徜徉于林间草丛，凶猛的单脊龙也许是它们主要的天敌。

巧龙

中文名称：巧龙
拉丁学名：Bellusaurus
学名含义：小巧的蜥蜴
地质时期：中侏罗世
化石产地：新疆克拉玛依
体型特征：体长 5 米
食性：植食性
类别：蜥脚类

峨眉龙

峨眉龙是中大型的蜥脚类恐龙，目前至少发现了 6 种不同的峨眉龙，发现地点位于四川的不同地区。其中，体长 18 米的天府峨眉龙被认为和其他峨眉龙差异较大，有观点认为天府峨眉龙应该独立出来，不属于峨眉龙。

峨眉龙的脖子比一般的蜥脚类恐龙要长，颈椎有 17 个左右，此外，还有 12 个背椎、4 个荐椎，超过 50 个尾椎。峨眉龙尾巴末端的尾脊椎愈合并膨大，形成有骨质的尾锤，应该可以用作防身的武器。不过与蜀龙不同的是，峨眉龙的尾锤上应该没有刺。峨眉龙的尾锤再次印证了部分蜥脚类会主动防御的观点。●

峨眉龙生活在茂密的林地里，喜欢成群行动，应该是一种在当时四川盆地很常见的蜥脚类恐龙。

尾端长着骨质的尾锤，可用来自卫反击。

峨眉龙的头骨高度中等，头上有大眼眶，大大的鼻孔位于脸的前部。它的牙齿呈勺形，很粗大，适合取食植物。

峨眉龙

中文名称：峨眉龙
拉丁学名：*Omeisaurus*
学名含义：峨眉山的蜥蜴
地质时期：中晚侏罗世
化石产地：四川荣县
体型特征：体长 14 ~ 18 米
食性：植食性
类别：蜥脚类

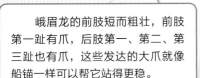

峨眉龙的前肢短而粗壮，前肢第一趾有爪，后肢第一、第二、第三趾也有爪，这些发达的大爪就像船锚一样可以帮它站得更稳。

小链接

水中还是陆地？

最初，古生物学家普遍认为蜥脚类恐龙应该主要栖息于水中，利用水的浮力托起巨大的身体，以免造成过重的身体负担，也有利于它们逃避陆上的捕食者，而且水中丰富的藻类和植物可以为它们提供食物。但后来的研究表明，蜥脚类恐龙的四肢粗壮有力，完全能够支撑身体，而且它们的部分脚趾上长着发达的爪子，这些都是适应陆地行走的构造。此外，蜥脚类恐龙的鞭状尾、锤状尾是在陆地上才能挥舞自如的武器，加上它们庞大身躯的震慑作用，遇到敌害时它们根本不用往水里躲避。因此，蜥脚类恐龙应该是生活在陆地上。

川街龙是大型蜥脚类恐龙，体长可达 27 米，与较大型的马门溪龙相仿。

川街龙只能将头稍稍举起，如果它们将脖子仰得太高，颈肋就会刺破皮肤。

小链接

化石上的虫迹

动物尸体往往会招来食腐性昆虫，这些昆虫啃食尸体并留下活动的痕迹。少数昆虫的上颚很强大，咬得动恐龙的骨头，这样就会在恐龙的骨头上留下啃咬过的痕迹，比如一些划痕、沟或者小坑，这些痕迹能让科学家推测出一些化石保存的环境信息以及关于古环境的一些信息。

川街龙

中文名称： 川街龙
拉丁学名： *Chuanjiesaurus*
学名含义： 川街的蜥蜴
地质时期： 早侏罗世
化石产地： 云南禄丰
体型特征： 体长 24 米
食性： 植食性
类别： 蜥脚类

川街龙

川街龙发现于云南省禄丰县的川街乡，并因此而得名。科学家在川街龙化石的埋藏点共发现了 8 具川街龙化石和一具吃肉的时代龙化石。据推测，这头时代龙很可能是在猎捕川街龙时和猎物一同陷入沼泽的。

成群活动的川街龙是当时当地最大的恐龙，它们以植物为食。不过它们并不能将头部高高仰起，因为颈椎下的颈肋已经将脖子的运动限制住了，如果它们把脖子仰得太高，颈肋就会刺破皮肤。因此，川街龙和很多蜥脚类恐龙的头只能稍微仰起，川街龙的脖子与水平方向呈 20°角比较适宜。

2015 年，邢立达等在川街龙化石上发现了无脊椎动物啃噬的遗迹，这说明川街龙的尸体被当时的小虫子分解，之后才保存形成化石。

川街龙的四条腿就像四根擎天柱，支撑着庞大的身体，大而圆的巨型脚掌还长有脚爪，能牢牢地抓住脚下的泥土以防意外摔倒。

盐都龙

盐都龙的骨架不是很完整，化石显示它是一种小型的鸟脚类恐龙。最新的研究显示盐都龙、灵龙等小型鸟脚类可能长有原始的毛毛。

关于盐都龙的体型目前还没有定论，一些未成年的个体体长在 0.6 米~1.6 米之间。一些科学家认为盐都龙的体型应该更大一些，也许能达到 2 米，还有部分科学家认为会再大一些，可以达到 3 米。盐都龙最新的修订体长是 3.8 米，估计体重 140 千克。

盐都龙可能群居生活于湖岸平原上，它们的上颌齿宽大，呈佛手状，有磨蚀面，可能主要以植物为食，但偶尔也可能捕食其他小动物。

四川盆地的中晚侏罗世地层曾经发现了一些小型鸟脚类的足迹化石，它们的行迹分布在肉食性恐龙的旁边，很可能就是由类似盐都龙的恐龙留下的。

它的前肢短小，后肢比较长，应该拥有不错的奔跑能力。

盐都龙的头相对于它的身体而言比较小，嘴巴看起来有些短，眼睛大而圆。

盐都龙

中文名称：盐都龙

拉丁学名：Yandusaurus

学名含义：盐都（自贡的俗称）的蜥蜴

地质时期：晚侏罗世

化石产地：四川自贡

体型特征：体长 3.8 米

食性：植食性

类别：鸟脚类

灵龙

灵龙身体轻盈，小腿比大腿长，因此很可能是非常迅捷的奔跑者。灵龙嘴巴前面呈喙状，上下颌骨前面有椎状的牙齿，后面的牙齿呈叶状，锋利的牙齿有助于对抗体型较小的掠食者。灵龙是非常原始的鸟脚类恐龙，它们是植食主义者。

劳氏灵龙是在自贡发现的第一种小型鸟脚类恐龙，它的种名"劳氏"是为了纪念1915年最先在四川发现恐龙化石的美国地质学家乔治·劳德伯克。劳氏灵龙的骨架完整度非常高，达到90%，只缺失部分左前肢和左后肢，目前保存于自贡恐龙博物馆。劳氏灵龙生活在茂密的林地，凭借敏捷的奔跑能力逃避掠食者。

灵龙长长的尾巴能够帮助它平衡身体，也能起到转向的作用。

它是体型较小、善于快跑的植食性恐龙。

灵龙

中文名称： 灵龙
拉丁学名： *Agilisaurus*
学名含义： 灵巧的蜥蜴
地质时期： 中侏罗世
化石产地： 四川自贡
体型特征： 体长 1.7 米
食性： 植食性
类别： 鸟脚类

灵龙的前肢上有五根手指，能够方便地抓握食物。

华阳龙的背上长着十余对呈三角形的骨板。

肩部的一对肩棘是华阳龙的主要防御武器。

华阳龙

中文名称： 华阳龙
拉丁学名： *Huayangosaurus*
学名含义： 华阳（四川古名）的蜥蜴
地质时期： 中侏罗世
化石产地： 四川自贡
体型特征： 体长 4 米
食性： 植食性
类别： 剑龙类

华阳龙的脖子很短，多半吃不到高处的树叶。

华阳龙的四肢较长且可以弯曲，所以它能够快速奔跑，也许还可以边跑边甩动长有骨刺的尾巴，防止追赶自己的肉食恐龙的扑击。

华阳龙的嘴巴并没有完全变成喙状，只是下颌骨的前端变成喙状，而上颌前端还有牙齿，有学者怀疑这家伙也许用硬化的下嘴唇当铲子掘土。

华阳龙

华阳龙是中等体型的剑龙类恐龙，仅生活在中侏罗世的亚洲地区，也是迄今为止发现的最早的剑龙类恐龙。

作为早期剑龙，华阳龙的脑袋比较笨重，而晚期剑龙的头部则相对轻便。

华阳龙的背上长有十余对骨板，这些骨板的根部内侧有一个凹槽，正好可以和脊椎骨挂在一起并连接起来。这些骨板呈三角形，但是尾部最末端的两对骨板演化成了骨刺。华阳龙的肩上还各有一根凸出的肩棘，这两根肩棘很可能是华阳龙的皮肤硬化而形成的骨骼。此外，华阳龙体表有很多地方都长着骨甲，这些应该也是皮肤硬化成骨的结果。这些凸出的骨甲和棘能够保护华阳龙，尾巴上的骨刺还可以攻击敌人。

巨刺龙

巨刺龙化石发现于 1985 年，化石相对完整，但是头部只保留了下颌骨，也没有后肢和尾巴。最初只是在一次会议文献中提到了它，在很长一段时间内，巨刺龙的地位并没有被古生物界承认，直到 2006 年科学家才确认了它的地位。巨刺龙的腹部和腰带非常宽大，四肢比较短小，看起来并不擅长运动。不过作为剑龙类，巨刺龙拥有足够好的武装，它们长着特别庞大的肩棘，相当具有威慑力。

除了大肩棘之外，巨刺龙的皮肤上还生有钉刺。另外，邢立达在观察巨刺龙皮肤的印痕化石后发现，巨刺龙的皮肤上有一些较大的五角形鳞片，围绕着这些鳞片还有 13 ～ 14 片六角形鳞片。此外，与沱江龙一样，巨刺龙的背板也有一定的防御功能，它的尾巴上也长着尾刺。

巨刺龙生活在茂密的林地，同时生活在那里的沱江龙和永川龙可能是其主要天敌。

巨刺龙的四肢短小，并不擅长运动。

由于化石保存的问题，巨刺龙肩棘具体的生长位置和方式尚不明确，有科学家认为其肩棘的尖端应该向后，并且微微扬起，看起来就像牛角一样。

巨刺龙的尾巴上也有尾刺，具有防御功能。

巨刺龙

中文名称：巨刺龙
拉丁学名：*Gigantspinosaurus*
学名含义：有巨大棘刺的蜥蜴
地质时期：晚侏罗世
化石产地：四川自贡
体型特征：体长 4.2 米
食性：植食性
类别：剑龙类

沱江龙从脖子到尾部共生长着 15 对看起来相当尖锐的三角形背板，这些背板不像美洲剑龙的骨板那样大，应该没有调节体温的作用，可能只是纯粹的自卫武器。

沱江龙一共长着 3 对尾刺，其中前 2 对直立，最后一对则倒向后方，如同 3 对大针插在尾巴上。

沱江龙

中文名称：沱江龙
拉丁学名：*Tuojiangosaurus*
学名含义：沱江的蜥蜴
地质时期：晚侏罗世
化石产地：四川自贡
体型特征：体长 6.5 米
食性：植食性
类别：剑龙类

沱江龙在剑龙类里算是大个子，它的头部较小，腹部和腰带较宽，所以看起来有个大肚子，更衬托出四肢的短小。

两肩上各有一对肩棘，同样具有防御作用。

沱江龙

目前，古生物学家已经挖掘出沱江龙的一小部分颅骨和一些较完整的骨骼，其中既有幼年恐龙化石，也有成年恐龙化石。有学者认为，重庆龙和嘉陵龙很可能是沱江龙的幼体状态，但这还有待进一步确认。沱江龙是亚洲发现的第一种剑龙化石，挖掘时间早于华阳龙。

沱江龙和巨刺龙生活在相同的环境中。作为体型不小的植食恐龙，它们会和其他植食恐龙争夺领地，甚至不会畏惧体型更大的蜥脚类恐龙。沱江龙尽管看起来不太容易被吃掉，但如果它有天敌的话，那么主要应该是永川龙。

乌尔禾龙

尔禾龙的化石不太完整，因此学界对它一直有不少争议。比如它的背板与一般剑龙不同，看起来平坦而圆滑，并不尖锐，有学者认为这并不是它生前的状态，而是遭到外力的挤压才变成这样。乌尔禾龙的腹部很宽，尾巴上有4根长刺可以防身，但是很可能没有肩棘，当然也许是因为肩棘部分的化石恰巧遗失了。

邢立达曾在乌尔禾地区发现大量的剑龙类足迹，而当地的剑龙类化石就只有乌尔禾龙，因此这些足迹被认为是乌尔禾龙留下来的，足迹能准确匹配上恐龙骨骼化石，这种概率是非常低的。

尾巴上长有4根长刺可以防身。

让人惊讶的发现！

小链接

乌尔禾龙由董枝明于1973年发现并命名，发现时只有一些破碎的骨骼，并且没有头骨，但这仍是一项让人惊讶的发现。因为一般认为，剑龙类在白垩纪已经灭绝，而乌尔禾龙生活在早白垩世。尽管有人建议应该慎重考虑它是否属于剑龙类恐龙，但残存的化石显示，它具有明显的剑龙类化石特征。因此，目前主流古生物学家仍认为乌尔禾龙是一种剑龙。1988年，学者又在鄂尔多斯获得一些剑龙的局部化石，并认为这些化石也很可能是乌尔禾龙，1993年，董枝明将它命名为鄂尔多斯乌尔禾龙。

乌尔禾龙

中文名称： 乌尔禾龙
拉丁学名： *Wuerhosaurus*
学名含义： 新疆乌尔禾的蜥蜴
地质时期： 早白垩世
化石产地： 新疆准噶尔盆地、
内蒙古鄂尔多斯
体型特征： 体长 5 ～ 7 米
食性： 植食性
类别： 剑龙类

乌尔禾龙的背板看起来平坦而圆滑，并不尖锐，与一般剑龙不同。

与其他剑龙相比，乌尔禾龙的身高比较矮，这表明它可能以一些低矮的植物为食。

天宇龙

宇龙是小型鸟臀类恐龙中的畸齿龙类，被发现的化石是一只亚成年恐龙，体长大约为 70 厘米，成年恐龙的体长现在还无法确定。通常，畸齿龙类只发现于晚侏罗世的美洲地区，在这区域之外发现畸齿龙类还是第一次。

天宇龙的化石上存在着浓厚的纤维状痕迹，这些痕迹很可能是一些长毛。这表明一些小型鸟臀类恐龙身上也是有毛的，而且演化出来的时间很早，这使得毛的起源问题变得更加复杂。

天宇龙应该栖息在湿润的林地和湖边，植物是它的主要食物，多种形态的牙齿可以让它更容易地挖出植物的块茎，但是不能排除天宇龙还吃点小昆虫的可能性。

天宇龙具有植食恐龙的齿列，但在嘴巴前端却长着尖锐的獠牙。

明星恐龙

天宇龙

中文名称：天宇龙
拉丁学名：*Tianyulong*
学名含义：天宇自然博物馆的龙
地质时期：早白垩世
化石产地：辽宁建昌
体型特征：体长约 70 厘米
食性：植食性
类别：畸齿龙类

天宇龙身上可能生有长毛，这些长毛至少分布在颈部、背部和尾巴上，而且尾巴上的毛特别长。

小链接

畸齿龙类恐龙

这类恐龙以其与众不同的牙齿而出名，嘴的前端长着类似现代肉食性哺乳动物犬齿般的獠牙，后面的牙齿和鸭嘴龙的牙齿很相似，适合咀嚼。根据牙齿推断，畸齿龙类应该是植食动物或者杂食动物。

马门溪龙

马门溪龙是中国标志性的蜥脚类恐龙，也是中国最著名的恐龙之一，在中国的西南部、西北部等地都有发现，目前已发现多个马门溪龙物种。

马门溪龙的长脖子极为显眼，即使在以长脖子著称的蜥脚类恐龙中也是一枝独秀。脖子中等长度的蜀龙和圆顶龙等蜥脚类恐龙有 12～13 节颈椎，脖子已经明显长于躯干；迷惑龙、梁龙和峨眉龙等大型蜥脚类恐龙有 15～17 节颈椎，每节颈椎都较长，使其脖子远远长于躯干；而马门溪龙有 18～19 节颈椎，而且每节颈椎都极长，这使得它们具有一个超长的脖子。

马门溪龙

中文名称：马门溪龙
拉丁学名：Mamenchisaurus
学名含义：马门溪的蜥蜴
地质时期：中侏罗世
化石产地：四川、甘肃、新疆
体型特征：体长 17 ~ 35 米
食性：植食性
类别：蜥脚类

马门溪龙脖子的长度甚至可以达到其体长的一半，相当于躯干加尾巴的总长度，因此马门溪龙是名副其实的长脖子恐龙。

亚洲最长的恐龙

1957年在四川盆地发现的合川马门溪龙体长 22 米，曾长期占据亚洲最长恐龙的宝座，直到 1987 年新疆的中加马门溪龙被发现，这一情况才发生改变。后者体长估计可达 35 米，体重 75 吨，光脖子的长度就有 17 米，如果它抬起脖子，头部能轻易探到六七层楼的窗口。中加马门溪龙是迄今为止发现拥有较多骨骼的最大的蜥脚类恐龙，虽然有些蜥脚类恐龙估计比中加马门溪龙更大，但是它们都来自化石残片，而中加马门溪龙则有部分头骨和颈椎骨化石。中加马门溪龙也是中国已知最大型的恐龙之一，生活于茂密的林地，永川龙是其主要天敌。

綦江龙的颈椎里充满气腔，所以尽管它的脖子很长但相对较轻，负担没有那么大。

小档案

骨缝

骨缝是小骨块之间由软骨组织连接的间隙，在恐龙未成年的时候可以生长，使骨块长大。成年恐龙的骨缝则会愈合，最终形成一块完整的、不能再生长的骨头。

綦江龙

綦江龙体长约 16 米，其中脖子大约有 7.5 米长，几乎占到体长的一半，这也是马门溪龙类恐龙的特征，说明綦江龙和马门溪龙之间存在着较近的亲缘关系。

綦江龙是一具相当完整的化石，观察骨骼化石的细节可以推测当年这只恐龙死亡时尚未成年。而在綦江龙化石出土的同一地点还挖掘出一些肉食性恐龙的牙齿化石，可以帮助我们对它的死因展开猜测。

綦江龙的发现有一个传说，它的绝大多数骨骼都是脊椎，缺乏四肢，这种蛇形身体，蜿蜒前行的姿态，与传统文化中的龙造型十分相似，因此才有了当地百姓口口相传的"专家发现了中国神龙"。这个事情也让我们联想到，中国传说中的龙很可能与各种恐龙化石脱不开关系。

> 由于中空椎骨之间的关节互锁，綦江龙能够轻易地上下移动脖子，但左右的摆动受到限制。

綦江龙

中文名称： 綦江龙
拉丁学名： *Qijianglong*
学名含义： 綦江的龙
地质时期： 晚侏罗世
化石产地： 重庆綦江
体型特征： 体长 16 米
食性： 植食性
类别： 蜥脚类

盘足龙

中文名称： 盘足龙
拉丁学名： *Euhelopus*
学名含义： 像圆盘一样的足
地质时期： 早白垩世
化石产地： 山东新泰
体型特征： 体长 11 米
食性： 植食性
类别： 蜥脚类

盘足龙的脖子很长，虽然它的牙齿和外形与在美洲发现的圆顶龙很相似，但它的脖子比圆顶龙更长。

盘足龙的脚宽大如盘，因此而得名。它的前腿比后腿还要长，所以肩膀高于髋部，能够吃到较高处的叶子。

盘足龙

盘足龙是一种体型较大的蜥脚类恐龙，一些学者认为它的体型比估计的还要大，也许有些能长到 15 米长。目前盘足龙的大部分颅骨和两具头后的骨骼已经被发现。盘足龙在 20 世纪 20 年代被瑞典探险家发现，是在中国发现的第一只蜥脚类恐龙，标本现在保存于瑞典的乌普萨拉大学。盘足龙的命名历程非常曲折，最初它被赋予学名"*Helopus*"，但是这个学名已经被一种鸟类占用，于是在 1956 年被改为"*Euhelopus*"，后来叫"*Helopus*"的鸟放弃了这个学名，如今"*Helopus*"是一类草的名字。

先占先得的命名

在生物命名上，谁优先使用某个学名，谁就是这个学名的合法拥有者，除非放弃这个名字。其他生物如果再使用这个名字，多数情况下会被视为无效名，必须进行撤换更改。

205

青岛龙

中文名称：青岛龙
拉丁学名：*Tsintaosaurus*
学名含义：青岛的蜥蜴
地质时期：晚白垩世
化石产地：山东青岛
体型特征：体长 8.3 米
食性：植食性
类别：鸭嘴龙类

这根奇特的棒状棘究竟有何作用，学者各有各的见解。

青岛龙

青岛龙是中国最著名的带头饰的恐龙，它的造型确实古怪，头顶上有一根棍子一样的棒状棘。科学家对这根诡异的"棍子"说法不一，它看起来完全没有防卫功能，如果是用来增强发声的话又没有较大的共鸣腔，用来展示又太细，有学者认为它大概只是一件装饰品，也许会连着一个肉质的帆。有人则认为根本不存在这样一根"棍子"，应该只是一根在保存过程中被移位的鼻骨。至于这根"棍子"具体的长法，有人认为可能会稍微向前倾，有人则认为稍微向后倾一点才合理。总之，顶着"棍子"的青岛龙很出名。

作为体型较大的鸭嘴龙，青岛龙浑身上下都找不到可以用来防卫的武器，体态也不利于奔跑，所以它们可能会成群结队地生活，依靠数量的优势逃避肉食类恐龙的捕食，保证族群的延续。

小链接

鸭嘴龙的头冠

部分鸭嘴龙的头骨上有额外的装饰，称为头饰。鸭嘴龙的头饰往往中空，一方面可以起到装饰和互相识别的作用，另一方面也像共鸣腔一样可以让它的叫声听起来更加嘹亮。还有一些观点认为鸭嘴龙的头饰能够起到冷却散热的作用。

鹦鹉嘴龙的头部
非常宽，喙状的嘴带
钩子，鼻孔很小，面
颊骨特别大，双眼的
视线部分向前。

多数时间鹦鹉嘴龙都
用两足行走，有时也可以
四足爬行，但那样前进速
度会非常慢。

鹦鹉嘴龙

1922年，美国纽约自然史博物馆的馆长奥斯本派出的中亚考察队在蒙古发现了一种双足行走的小型鸟臀类恐龙化石。奥斯本经过研究认为，这是一个新的恐龙类型，于是将它命名为蒙古鹦鹉嘴龙，同类化石后来在中国的辽宁、甘肃和内蒙古等地都有发现。

它们身上可能覆盖着纤维状的毛发，至少在一只鹦鹉嘴龙的尾部化石上发现过类似的结构。此外，在它们的胃里人们发现了胃石，这表明它们会吞咽一些小石头帮助研磨食物，说明它们尽管有牙齿，但是咀嚼能力一般，很多时候是囫囵吞枣。

它们的尾巴非常长，身上可能覆盖着纤维状的毛发。

鹦鹉嘴龙因生有一张酷似鹦鹉的嘴巴而得名，同时还长着凿子形状的牙齿。

鹦鹉嘴龙的手指和脚趾上长有小钝爪。

鹦鹉嘴龙

中文名称： 鹦鹉嘴龙
拉丁学名： *Psittacosaurus*
学名含义： 鹦鹉蜥蜴
地质时期： 早白垩世
化石产地： 内蒙古、辽宁、甘肃
体型特征： 体长 0.9 ~ 1.6 米
食性： 植食性
类别： 角龙类

诸城角龙

2008 年夏季的某天，山东诸城恐龙涧的发掘现场非常火热，不过，发现的大多是一些互不关联、散落的鸭嘴龙骨骼化石，直到一块形状完全不同的化石被发现……在接下来的几天里，工作人员非常小心地将围岩一点点剥落，一组关联度很好的化石慢慢显露出来。化石包括部分颅骨、下颌、牙齿、脊椎及肋骨。在散落的鸭嘴龙化石点发现了埋藏状态很好的纤角龙类化石，实属意外，所以这种角龙被命名为"意外诸城角龙"。●

包括诸城角龙在内的纤角龙类个头不大，也不威武，一度被认为是比较原始的类群，它们的特点是具有粗壮的下颌和巨大的牙齿。

诸城角龙

中文名称： 诸城角龙
拉丁学名： *Zhuchengceratops*
学名含义： 诸城的角龙
地质时期： 晚白垩世
化石产地： 山东诸城
体型特征： 体长约 2 米
食性： 植食性
类别： 角龙类

作为小型植食恐龙，诸城角龙四足行走，体态笨重。诸城角龙与其他角龙共存于一个生态环境中，但与其亲戚相比，它有不同的颌部以及牙齿特征，这可能代表着它有不同的进食方式。

诸城角龙比一般的纤角龙类略大，头部比例很大，仅下颌就长达 50 厘米。

小链接

角龙类恐龙

角龙类恐龙包括四足行走的三角龙、原角龙和纤角龙等，它们通常长着颈盾，一些大型角龙头上生有尖角，是有力的战斗武器。鹦鹉嘴龙类因为和它们具有很强的亲缘关系，所以也被归入角龙类，但是鹦鹉嘴龙是用两足行走的。

中国角龙

中国角龙是目前唯一发现于亚洲的角龙类角龙科恐龙，其他角龙科恐龙的化石都发现于北美洲，这显示中国角龙可能代表角龙科中的一个独立支系，从北美洲迁徙到亚洲。

中国角龙所属的尖角龙类恐龙最初是古生物学家劳伦斯·赖博在加拿大艾伯塔省的红鹿河流域发现的。在该流域发现了许多尖角龙的骨床，某些大型骨床发现的尖角龙可达数千只，科学家推测这些不同年龄的尖角龙可能是遭遇洪水或其他自然灾害而集体灭亡。

发达的头盾是巨大颌部肌肉的附着点，可以帮助它咬断坚韧的植物。

小链接

神秘的大角

角龙类的大型鼻角与头盾是恐龙中最特殊的头部特征之一。自从科学家首次发现角龙类以来，它们的角与头盾的功能一直都是争论的主题，常见的假说包括抵抗天敌的武器、物种角斗的工具、视觉上的辨识物（种内识别）。

中国角龙的头部长着一个长度超过 30 厘米的粗壮的角，头后缘则长着 10 多个弯曲的角。

中国角龙

中文名称： 中国角龙
拉丁学名： *Sinoceratops*
学名含义： 中国的带角的脸
地质时期： 晚白垩世
化石产地： 山东诸城
体型特征： 体长 6～7 米
食性： 植食性
类别： 角龙类

中国角龙属于中大型的植食恐龙，它的躯干及四肢非常粗壮，四足行走。

它们生活在诸城盆地的滨湖丛林，与诸城角龙生活在同一个环境中，但应该与诸城角龙摄取不同的食物，以避免彼此之间的竞争。

易门龙

云南省易门县埋藏着丰富的恐龙化石。古生物学家发现的易门龙有一个完整的头骨和一些其他部分的骨骼。科学家分析后发现，易门龙似乎很容易就能长到 9 米长，如果这是真的，也许当时还有更大的个体生存，这使它成为早期蜥脚类恐龙中体型最大的类群之一。

易门龙

中文名称： 易门龙
拉丁学名： *Yimenosaurus*
学名含义： 易门的蜥蜴
地质时期： 早侏罗世
化石产地： 云南易门
体型特征： 体长 9 米
食性： 植食性
类别： 基干蜥脚型类

易门龙体型硕大，很容易就能长到 9 米长。

宽大的嘴巴里长着边缘呈锯齿状的牙齿，可以防止食物掉落出来。

金沙江龙

科学家根据发现的小部分颅骨和其他骨骼推断，金沙江龙是早侏罗世最大型的基干蜥脚型类恐龙。金沙江龙的嘴巴非常宽大，可能还有两个鼓鼓的腮帮子。它的牙齿边缘呈锯齿状，进食的时候食物不容易从嘴巴两侧漏出来。

金沙江龙

中文名称：金沙江龙
拉丁学名：*Chinshakiangosaurus*
学名含义：金沙江的蜥蜴
地质时期：早侏罗世
化石产地：云南金沙江
体型特征：体长 10 米
食性：植食性
类别：基干蜥脚型类

元谋龙的脖子特别长，因此它能吃到高高的树上的嫩叶。

元谋龙

科学家只发现了元谋龙的一部分骨架，到目前为止还没有发现它的颅骨。元谋龙和著名的马门溪龙生活在相同的环境中。

元谋龙

中文名称：元谋龙
拉丁学名：*Yuanmousaurus*
学名含义：元谋的蜥蜴
地质时期：中侏罗世
化石产地：云南元谋
体型特征：体长 17 米
食性：植食性
类别：蜥脚类

215

文雅龙是一种小型四足植食类恐龙，生活在茂密的林地里。

文雅龙

文雅龙来自四川省自贡市的大山铺，已经发掘出来的化石包括一个完整的颅骨，以及其他骨骼碎片。文雅龙的名字来源于其颅骨的特征，它的脑袋化石呈方形，上面有修长的骨柱支撑着很大的开口。

文雅龙

中文名称： 文雅龙
拉丁学名： *Abrosaurus*
学名含义： 精致的蜥蜴
地质时期： 中侏罗世
化石产地： 四川自贡
体型特征： 体长 11 米
食性： 植食性
类别： 蜥脚类

蝴蝶龙

中文名称： 蝴蝶龙
拉丁学名： *Hudiesaurus*
学名含义： 蝴蝶一样的蜥蜴
地质时期： 晚侏罗世
化石产地： 新疆吐鲁番
体型特征： 体长 25 米
食性： 植食性
类别： 蜥脚类

大安龙

大安龙是自贡恐龙博物馆的叶勇研究员根据自贡永安镇发现的一具蜥脚类骨架命名。这件标本是一具单独保存的不完整骨架，虽然保存了一部分头骨，但是骨片四散，并不十分完好。

大安龙

中文名称： 大安龙
拉丁学名： *Daanosaurus*
学名含义： 大安的蜥蜴
地质时期： 晚侏罗世
化石产地： 四川自贡
体型特征： 不详
食性： 植食性
类别： 蜥脚类

大安龙所有颈椎的椎体和神经弓分离，背椎的椎体与神经弓之间的骨缝明显，这些特征说明了它还只是一只小恐龙。

蝴蝶龙曾经被认为是亚洲最大的蜥脚类恐龙。

蝴蝶龙

蝴蝶龙发现于新疆吐鲁番盆地，目前只有两具由小部分骨骼组成的不完整标本。其颈椎附近的脊棘成叉状，前端背椎的髓棘顶端形成一个 I 形，一个像翅膀的凸出，呈蝴蝶形，因此得名。

扶绥龙

扶绥龙于 2001 年发现于中国广西，其化石包括破碎的头后骨骼、腰带骨、尾椎以及部分大腿骨。扶绥龙是一种基干巨龙型类恐龙，虽然中国大部分的巨龙型类恐龙是在北方发现的，扶绥龙却是在南方发现的。

> 扶绥龙的身体很长，可以吃到 10 米高的树叶，体重可能是成年大象的 10 倍。

东北巨龙

东北巨龙的化石发现于中国辽宁省北票市，其标本包括一部分头后骨骼、四肢骨骼、肩带、腰带和脊椎。与其他蜥脚类恐龙一样，东北巨龙是一种大型四足植食性恐龙，生活在湿润的林地和湖畔。从骨骼形态上看，古生物学家认为东北巨龙比戈壁巨龙、九台龙更原始，但是比盘足龙、扶绥龙和黄河巨龙的演化程度更高。

东北巨龙

中文名称： 东北巨龙
拉丁学名： *Dongbeititan*
学名含义： 东北的巨龙
地质时期： 早白垩世
化石产地： 辽宁北票
体型特征： 体长 15 米
食性： 植食性
类别： 蜥脚类

扶绥龙

中文名称： 扶绥龙
拉丁学名： *Fusuisaurus*
学名含义： 扶绥的蜥蜴
地质时期： 早白垩世
化石产地： 广西扶绥
体型特征： 体长 22 米
食性： 植食性
类别： 蜥脚类

黄河巨龙有着宽大的臀部和肩带。其臀部骨骼的中间部分——荐椎高不足半米，却宽达 1.1 米，难怪它们被称为最胖的恐龙。

黄河巨龙

黄河巨龙

中文名称： 黄河巨龙
拉丁学名： *Huanghetitan*
学名含义： 黄河的巨龙
地质时期： 早白垩世
化石产地： 甘肃刘家峡
体型特征： 体长 20 米
食性： 植食性
类别： 蜥脚类

黄河巨龙是中国恐龙界新晋的明星，它的化石包括两节尾椎、几乎完整的荐骨、肋骨碎片以及左肩胛骨，肩胛骨最宽处达 83 厘米，古生物学家推测其身长约 20 米，宽度达 1.1 米，体重超过中国以前发现的最大恐龙——马门溪龙，是中国已知体态最胖，或者说最强壮的恐龙。黄河巨龙与大夏巨龙生活在相同的环境里。

九台龙

2006年，吉林大学的古生物学家吴文昊等人描述了一批来自九台市苇子沟镇西地村发现的恐龙化石，并命名为西地九台龙。这批标本包括 18 个相关节的尾椎以及 13 个脉弧。九台龙不仅丰富了吉林长春地区白垩纪恐龙的种类，而且对进一步研究蜥脚类恐龙的系统演化、古地理分布，以及恢复松辽盆地东缘白垩纪时期的古地理、古气候和古生态环境等，都具有重要意义。

研究者认为，汝阳龙是目前世界上已知最粗壮、最重的恐龙。

汝阳龙

中文名称： 汝阳龙
拉丁学名： *Ruyangosaurus*
学名含义： 汝阳的蜥蜴
地质时期： 晚白垩世
化石产地： 河南汝阳
体型特征： 体长 30 米
食性： 植食性
类别： 蜥脚类

汝阳龙

汝阳龙发现于河南省汝阳县刘店镇沙坪村，它的前肢和后肢都非常粗壮，其中大腿骨长达 2.35 米，而单个背椎椎体的直径约为 51 厘米。

九台龙

中文名称： 九台龙	**体型特征：** 不详
拉丁学名： *Jiutaisaurus*	**食性：** 植食性
学名含义： 九台的蜥蜴	**类别：** 蜥脚类
地质时期： 早白垩世	
化石产地： 吉林九台	

戈壁巨龙

戈壁巨龙是一种大型蜥脚类恐龙，化石包括 41 节脊椎骨和部分腿骨。戈壁巨龙在早白垩世游弋于甘肃地界，可以想象一下，一大群这样的大家伙在滨湖丛林里慢悠悠地觅食，该是多么壮观的景象。

戈壁巨龙是一种相当原始的巨龙类恐龙。

戈壁巨龙

中文名称： 戈壁巨龙
拉丁学名： *Gobititan*
学名含义： 戈壁的巨龙
地质时期： 早白垩世
化石产地： 甘肃肃北
体型特征： 体长 20 米
食性： 植食性
类别： 蜥脚类

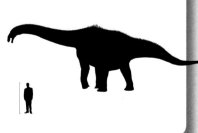

大夏巨龙

大夏巨龙发现于兰州——民和盆地，化石完整度在 90% 以上，包括 10 个颈椎、10 个背椎、2 个近端尾椎、右肩胛骨、右乌喙骨和右股骨等。大夏巨龙的脖子较长，长度可达 12.5 米。大夏巨龙与黄河巨龙生活在相同的环境里，但可能占据着不同的生态位置。

大夏巨龙发现于兰州，是目前世界上保存最完整、亚洲发现的最大的恐龙化石之一。

宝天曼龙

中文名称： 宝天曼龙
拉丁学名： *Baotianmansaurus*
学名含义： 宝天曼的蜥蜴
地质时期： 晚侏罗世
化石产地： 河南
体型特征： 体长 20 米
食性： 植食性
类别： 蜥脚类

宝天曼龙

宝天曼龙的化石很不完整，只有部分头后骨骼，包括椎骨、肋骨和肩胛骨碎片，信息严重不足，所以科学家很难推断它的身长和体重等，只能大概估计一下。

大夏巨龙

中文名称：大夏巨龙	体型特征：体长 23~30 米
拉丁学名：*Daxiatitan*	食性：植食性
学名含义：大夏的巨龙	类别：蜥脚类
地质时期：晚白垩世	
化石产地：甘肃兰州	

江山龙

江山龙于 1977 年发现于浙江省江山市礼贤乡。该化石保存有背椎、尾椎、肩胛骨、股骨、耻骨、坐骨和肋骨等，完整度达到 90%。江山龙的背椎和中部尾椎的部分特征与著名的马门溪龙相似，科学家推测它的身长可达 22 米，高约 4.5 米，是迄今为止浙江发现的最大、最完整的蜥脚类恐龙。

江山龙

中文名称：江山龙
拉丁学名：*Jiangshanosaurus*
学名含义：江山的蜥蜴
地质时期：早白垩世
化石产地：浙江江山
体型特征：体长 22 米
食性：植食性
类别：蜥脚类

华北龙

华北龙的化石包括牙齿、部分四肢骨骼和脊椎，完整度达到 70%，填补了中国恐龙时代最晚期没有完整蜥脚类恐龙化石的空白。华北龙走起路来器宇轩昂，与天镇龙生活在同一地区。

华北龙头高 7.5 米，背高 4.2 米，有着长长的脖子，肩膀和腰部一样高。

东阳龙

中文名称： 东阳龙
拉丁学名： *Dongyangosaurus*
学名含义： 东阳的蜥蜴
地质时期： 晚白垩世
化石产地： 浙江东阳
体型特征： 体长 15 米
食性： 植食性
类别： 蜥脚类

东阳龙

东阳龙是一种中型蜥脚类恐龙，其化石呈蜷曲倒卧的姿态，由于风化严重，头尾和四肢都已经缺失，其骨骼化石包括 10 个背椎、6 个荐椎、2 个前部尾椎和完整的腰带。

华北龙

中文名称： 华北龙
拉丁学名： *Huabeisaurus*
学名含义： 中国北方的蜥蜴
地质时期： 晚白垩世
化石产地： 山西天镇

体型特征： 体长 17 米
食性： 植食性
类别： 蜥脚类

青秀龙

中文名称： 青秀龙
拉丁学名： *Qingxiusaurus*
学名含义： 青秀的蜥蜴
地质时期： 晚白垩世
化石产地： 广西右江
体型特征： 体长 15 米
食性： 植食性
类别： 蜥脚类

青秀龙

青 秀龙的骨骼化石包括两块肱骨、两块胸骨和一个脊椎。青秀龙属于蜥脚类恐龙中的巨龙类，身形雄伟，是一种植食性的大型四足恐龙。

楚雄龙

楚雄龙的化石包括一个颅骨和一个下颌骨，其中一些特征与槽齿龙很像。楚雄龙是早侏罗世的原始蜥脚类恐龙，对研究蜥脚类恐龙的演化具有重要意义。

桥湾龙

桥湾龙化石包括三节相关节的颈椎、右侧腰带以及一些难以判别位置的骨骼。最初，古生物学家认为它是中国发现的第一种腕龙类恐龙，但后来认为桥湾龙与巨龙类的盘足龙和长生天龙更加相似。

桥湾龙

中文名称：桥湾龙
拉丁学名：*Qiaowanlong*
学名含义：桥湾的龙
地质时期：早白垩世
化石产地：甘肃俞井子盆地
体型特征：体长 12 米
食性：植食性
类别：蜥脚类

楚雄龙

中文名称：楚雄龙
拉丁学名：*Chuxiongosaurus*
学名含义：楚雄的蜥蜴
地质时期：早侏罗世
化石产地：云南禄丰
体型特征：不详
食性：植食性
类别：蜥脚类

岘山龙

岘山龙的化石很不完整，因此科学家无法准确地推断出它的体型特征，但是根据尾椎骨可以确定它属于蜥脚类恐龙。

岘山龙

中文名称：岘山龙
拉丁学名：*Xianshanosaurus*
学名含义：岘山的蜥蜴
地质时期：晚白垩世
化石产地：河南史家沟
体型特征：不详
食性：植食性
类别：蜥脚类

通安龙

通安龙的发现过程较为曲折，这只恐龙的化石早在20世纪末就已经被发现，但因为当地当时不具备发掘条件，所以一直保护到2014年才开始正式发掘。通安龙的化石包括140多块骨骼，完整度约为70%。对于恐龙化石来说，完整度达到50%就算比较完整了。

通安龙

中文名称： 通安龙
拉丁学名： *Tonganosaurus*
学名含义： 通安的蜥蜴
地质时期： 早侏罗世
化石产地： 四川会理
体型特征： 体长13米
食性： 植食性
类别： 蜥脚类

通安龙是目前已知最古老的蜥脚类恐龙之一，可能与峨眉龙有亲缘关系。

六榜龙

六榜龙的化石保存较为完整，一共发掘出了包括椎骨和四肢在内的数十块骨头，其中背椎骨的形态与多数蜥脚类不同，表明它具有一定的特殊性。这种看起来有些笨重的恐龙应该在湖边等水草肥美的地方活动。

六榜龙是中国白垩纪早期少数原始蜥脚类恐龙之一，与北美的简棘龙亲缘关系很近。

六榜龙

中文名称：六榜龙

拉丁学名：_Liubangosaurus_

学名含义：六榜的蜥蜴

地质时期：早白垩世

化石产地：广西扶绥

体型特征：体长约 18 米

食性：植食性

类别：蜥脚类

赣南龙

研究者认为赣南龙与早白垩世的盘足龙有一些共同的特征，这些特征表明赣南龙可能和盘足龙的关系更为密切，有别于其他的巨龙型类恐龙。

赣南龙的化石包括一个几乎完整的背椎和一个中部尾椎。

赣南龙

中文名称：赣南龙
拉丁学名：_Gannansaurus_
学名含义：赣州南部的蜥蜴
地质时期：晚白垩世
化石产地：江西赣州
体型特征：不详
食性：植食性
类别：蜥脚类

新疆巨龙的脖子又细又长，大腿很粗壮。

新疆巨龙

中文名称：新疆巨龙
拉丁学名：_Xinjiangtitan_
学名含义：新疆的巨龙
地质时期：中侏罗世
化石产地：新疆鄯善
体型特征：体长 30 ~ 32 米
食性：植食性
类别：蜥脚类

新疆巨龙

新疆巨龙发现于新疆鄯善县吐鲁番——哈密盆地，古生物学家估计其体长为 30 ~ 32 米，是亚洲侏罗纪时期最大的恐龙之一。新疆巨龙的化石保存得非常完整，包括股骨、胫骨、腓骨、腰带、背椎以及部分尾椎、肋骨及颈骨等，遗憾的是两个前肢的骨骼去向成谜。

永靖龙

永靖龙是一种长着长脖子的巨龙类恐龙，已发现的化石来自一个未成年或接近成年的个体，其化石并不完整。

云梦龙

云梦龙发现于河南省汝阳县云梦山区，其某些颈椎的长度指数与马门溪龙、盘足龙及峨眉龙等类似，古生物学家估计其颈椎椎体数目可达 18 个，是中原地区首次发现的白垩纪长脖子蜥脚类恐龙。

云梦龙

中文名称：云梦龙
拉丁学名：Yunmenglong
学名含义：云梦山区的龙
地质时期：早白垩世
化石产地：河南汝阳
体型特征：体长约 25 米
食性：植食性
类别：蜥脚类

永靖龙

中文名称： 永靖龙
拉丁学名： *Yongjinglong*
学名含义： 永靖的龙
地质时期： 早白垩世
化石产地： 甘肃永靖
体型特征： 体长 15 ~ 18 米
食性： 植食性
类别： 蜥脚类

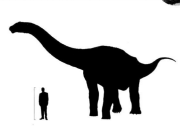

永靖龙很可能成群活动，它们横扫森林，吃掉幼嫩的枝叶。

黄山龙

黄山龙是人们在修建高速公路时发现的，其化石包括右侧前肢骨。从骨骼形态来看，黄山龙应该与马门溪龙比较接近。

黄山龙是安徽已知的少数几种恐龙之一，也是安徽发现的第一种侏罗纪时期的恐龙。

黄山龙

中文名称： 黄山龙
拉丁学名： *Huangshanlong*
学名含义： 黄山的龙
地质时期： 中侏罗世
化石产地： 安徽黄山
体型特征： 体长也许超过 15 米
食性： 植食性
类别： 蜥脚类

苏尼特龙

苏尼特龙发现于中国内蒙古自治区，化石表明苏尼特龙长约9米，高3米，是一种小型巨龙类恐龙，比同时期的窃蛋龙中的大个子——巨盗龙稍微大一点。

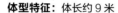

苏尼特龙

中文名称：苏尼特龙
拉丁学名：Sonidosaurus
学名含义：苏尼特的蜥蜴
地质时期：晚白垩世
化石产地：内蒙古二连浩特

体型特征：体长约9米
食性：植食性
类别：蜥脚类

北方龙

北方龙是一种四足行走的植食性恐龙，其化石包括尾椎、牙齿和部分腕骨。北方龙与在蒙古发现的后凹尾龙在骨骼结构上非常相似，两者的整体形态应该也相似。

北方龙

中文名称： 北方龙
拉丁学名： *Borealosaurus*
学名含义： 中国北方的蜥蜴
地质时期： 晚白垩世
化石产地： 辽宁北票
体型特征： 体长约 12 米
食性： 植食性
类别： 蜥脚类

戈壁龙

戈壁龙是一种大型甲龙类恐龙，其化石包括一个近乎完整的颅骨和其他一些骨骼。戈壁龙与发现于蒙古的沙漠龙有很多相似的地方，可能是吉兰泰龙的猎物。

戈壁龙

中文名称：戈壁龙
拉丁学名：*Gobisaurus*
学名含义：戈壁上的蜥蜴
地质时期：晚白垩世
化石产地：内蒙古
体型特征：体长约 6 米
食性：植食性
类别：甲龙类

辽宁龙属于甲龙类，头部长着结实的装甲。

辽宁龙的腹部和腰部非常宽大，最特殊的是它的腹部也长着一些装甲，这在其他甲龙化石里从未见到过，可以想象它的防御能力应该相当全面。

辽宁龙

辽宁龙生活在湿润的林地和湖畔。它的化石虽然基本完整，但却是一具幼体的骨骼，长约 34 厘米，成年个体的大小目前尚不清楚。

辽宁龙

中文名称：辽宁龙
拉丁学名：*Liaoningosaurus*
学名含义：辽宁的蜥蜴
地质时期：早白垩世
化石产地：辽宁义县
体型特征：不详
食性：植食性
类别：甲龙类

戈壁龙的颅骨有46厘米长、45厘米宽，而且覆盖着厚厚的装甲。

晓龙的牙齿非常精致，呈佛手状，是进食植物的绝佳帮手。

晓龙

晓龙是两足行走的小型植食类恐龙，也被昵称为"小龙"。目前发现了两个晓龙标本，但都不完整。

晓龙

中文名称：晓龙
拉丁学名：*Xiaosaurus*
学名含义：黎明的蜥蜴
地质时期：中侏罗世
化石产地：四川自贡

体型特征：体长约1米
食性：植食性
类别：鸟臀类

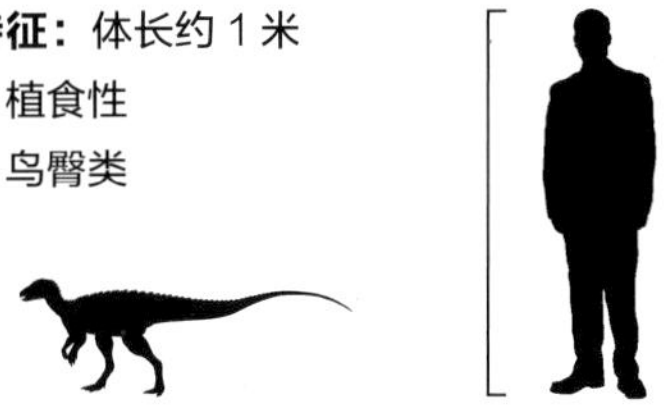

237

天镇龙四肢粗壮，头部和背部都有甲板保护，上面有骨凸，能够起到很好的防御作用。

天镇龙

中文名称： 天镇龙
拉丁学名： *Tianzhenosaurus*
学名含义： 天镇的蜥蜴
地质时期： 晚白垩世
化石产地： 山西天镇
体型特征： 体长约 4 米
食性： 植食性
类别： 甲龙类

天镇龙的化石包括一个几乎完整的头骨和头后骨架，是一种中等体型的甲龙类。它的尾部和其他甲龙类一样形成了骨锤，具有很强的杀伤力。

绘龙

绘龙是最著名的亚洲甲龙类之一，目前已发现多个绘龙标本，包括一具接近完整的骨骼、5 个头颅骨或部分头颅骨，以及 2 块有数只未成年个体挤在一起的化石，其死因可能是沙尘暴。绘龙生活在有沙丘和绿洲的沙漠中。

克氏龙的尾部椎体相连成棒状，形成骨锤，可用来自卫。

克氏龙

中文名称：克氏龙
拉丁学名：*Crichtonsaurus*
学名含义：迈克尔·克莱顿（《侏罗纪公园》的作者）的蜥蜴
地质时期：早白垩世
化石产地：辽宁北票
体型特征：体长 3.5 米
食性：植食性
类别：甲龙类

克氏龙

克氏龙是中等大小的甲龙，它的甲板形态多样，覆盖着颈部和身体两侧，但是其头部没有骨甲保护，这可能会成为它的弱点。

绘龙的尾巴较长，末端有骨锤——对付小型兽脚类恐龙的有效武器。

绘龙

中文名称：绘龙　　　　**食性：**植食性
拉丁学名：*Pinacosaurus*　　**类别：**甲龙类
学名含义：平板的蜥蜴
地质时期：晚白垩世
化石产地：蒙古戈壁沙漠
体型特征：体长 5 米

浙江龙

浙 江龙的甲板沿着颈部到尾部的中轴线分布，科学家推测甲板左右两侧各有一列尖刺从颈部一直延伸到尾部。这样强大的武装使它能够在凶猛的肉食性恐龙面前自保。

浙江龙

中文名称：浙江龙
拉丁学名：*Zhejiangosaurus*
学名含义：浙江的蜥蜴
地质时期：早白垩世
化石产地：浙江丽水
体型特征：体长 4.5 米
食性：植食性
类别：甲龙类

东阳盾龙与其他甲龙类似，可能无法吃到高处的叶子。

东阳盾龙

东 阳盾龙是一种植食性恐龙，身上覆盖着厚重的甲板。东阳盾龙可能没有强有力的尾锤，但身体的甲板仍能为它提供有效的保护。

东阳盾龙

中文名称：东阳盾龙
拉丁学名：*Dongyangopelta*
学名含义：发现自东阳的盾
地质时期：早白垩世
化石产地：浙江东阳
体型特征：体长 3 ~ 4 米
食性：植食性
类别：甲龙类

浙江龙的甲板两侧各有一列尖刺从颈部延伸到尾部。

多刺甲龙类的鳞片较其他甲龙类轻盈，背上有刺和凸起，它的行动可能要比一般的甲龙轻便一些。

洮河龙

洮河龙属于甲龙类中的多刺甲龙类，其化石包括部分骨骼，这是在北美和欧洲以外首次发现这类甲龙。

洮河龙

中文名称：洮河龙
拉丁学名：*Taohelong*
学名含义：洮河的恐龙
地质时期：白垩纪
化石产地：甘肃兰州
体型特征：不详
食性：植食性
类别：甲龙类

山西龙

山西龙的化石只包含零碎的骨骼，其体长是根据股骨与其他腿骨的长度估算出来的。三角形的角从山西龙的头骨后方两侧延伸出来，又长又平，这是它区别于其他甲龙的显著特征。

山西龙

中文名称：山西龙
拉丁学名：*Shanxia*
学名含义：山西的龙
地质时期：白垩纪
化石产地：山西
体型特征：体长约 3.6 米
食性：植食性
类别：甲龙类

传奇龙

中文名称：传奇龙
拉丁学名：*Chuanqilong*
学名含义：传奇的龙
地质时期：早白垩世
化石产地：辽宁凌源
体型特征：大于 4.5 米
食性：植食性
类别：甲龙类

天池龙

中文名称：天池龙

拉丁学名：*Tianchisaurus*

学名含义：天池的蜥蜴

地质时期：中侏罗世

化石产地：新疆阜康

体型特征：体长约 3 米

食性：植食性

类别：甲龙类

天池龙

天池龙的化石是 1974 年新疆大学地质地理系师生在野外实习时采到的，这是首次在亚洲发现中侏罗世的甲龙类恐龙。因为发现地距离天山天池很近，所以古生物学家董枝明将其命名为天池龙。天池龙是一种原始的小型甲龙类，躯体上有许多大小不同、形态各异的甲板。它长着一条长尾巴，尾巴的末端有尾椎愈合而成的小而扁的尾锤。

传奇龙可能以蕨类、苏铁类和被子植物为食，并受到同时代大型兽脚类恐龙（如中国暴龙）的威胁。

传奇龙

传奇龙是一种大型甲龙类恐龙，发现于辽宁省凌源市白石嘴村。标本保存有完整的头骨和头后骨骼，化石的体长至少达到 4.5 米，但从骨骼愈合程度看，该个体仍处于幼年阶段，估计其成年个体体型巨大。传奇龙证明了甲龙的体型在早白垩世晚期就已经非常庞大。

中原龙

中文名称： 中原龙	**食性：** 植食性
拉丁学名： *Zhongyuansaurus*	**类别：** 甲龙类
学名含义： 中原地区的蜥蜴	
地质时期： 白垩纪	
化石产地： 河南洛阳	
体型特征： 不详	

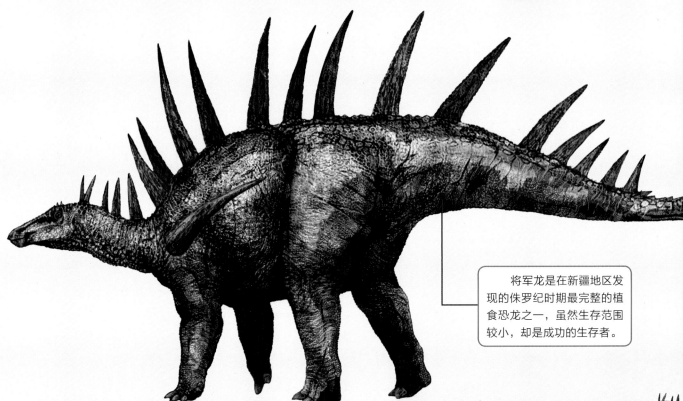

将军龙是在新疆地区发现的侏罗纪时期最完整的植食恐龙之一，虽然生存范围较小，却是成功的生存者。

将军龙

将军龙发现于中国新疆准噶尔盆地，其化石包括下颌、一些颅骨、7节相关节的脊椎以及2块甲板。

将军龙

中文名称： 将军龙
拉丁学名： *Jiangjunosaurus*
学名含义： 将军蜥蜴
地质时期： 晚侏罗世
化石产地： 新疆准噶尔盆地
体型特征： 体长约6米
食性： 植食性
类别： 剑龙类

中原龙

到目前为止，人们只发现了中原龙的部分骨骼化石。中原龙以植物为食，可能生活在干旱、半干旱的环境中。

中原龙的头顶部平坦，属于没有尾锤的原始甲龙类。

卞氏龙

卞氏龙的化石包括一些下颌骨、牙齿和头后骨骼碎片。卞氏龙是一种原始的甲龙类恐龙，与棱背龙有着亲缘关系。有学者认为，卞氏龙还很有可能是肢龙的近亲。

卞氏龙

中文名称： 卞氏龙	**食性：** 植食性
拉丁学名： *Bienosaurus*	**类别：** 甲龙类
学名含义： 卞氏蜥蜴	
地质时期： 早侏罗世	
化石产地： 云南禄丰	
体型特征： 不详	

红山龙和鹦鹉嘴龙长相相似，头骨比鹦鹉嘴龙低平，生活在湿润的林地和湖泊边。

红山龙

红山龙因发现于著名的红山文化遗址附近而得名。红山龙是小型植食性恐龙，两足行走，上下颌前端有骨质喙，脸颊两侧有咀嚼用的齿列。

红山龙

中文名称： 红山龙
拉丁学名： *Hongshanosaurus*
学名含义： 红山地区的蜥蜴
地质时期： 早白垩世
化石产地： 内蒙古赤峰
体型特征： 体长 1.5 米
食性： 植食性
类别： 鹦鹉嘴龙类

嘉陵龙

嘉陵龙是植食性恐龙，以当时最丰富的蕨类及苏铁类植物为食。所有嘉陵龙的标本均未成年或为亚成体。嘉陵龙可能与巨棘龙生活在相同的环境中，它很可能是永川龙的食物。

何信禄龙

何信禄龙是 1983 年发现并命名的，不过它的分类地位一直存在争议，有科学家认为，它可能是劳氏灵龙的幼体。何信禄龙很可能是宣汉龙的猎物。

何信禄龙的头部很小，下颌前部附近有几颗锋利的大牙，有助于对抗体型较小的掠食者。

何信禄龙

中文名称： 何信禄龙
拉丁学名： *Hexinlusaurus*
学名含义： 何信禄发现的蜥蜴
地质时期： 中侏罗世
化石产地： 四川自贡
体型特征： 体长 1.7 米

食性： 植食性
类别： 鸟臀类

尽管嘉陵龙长大后可能有 4 米长，但还是要比其他剑龙类小。

嘉陵龙

中文名称： 嘉陵龙
拉丁学名： *Chialingosaurus*
学名含义： 嘉陵的蜥蜴
地质时期： 晚侏罗世
化石产地： 四川嘉陵
体型特征： 体长约 4 米

食性： 植食性
类别： 剑龙类

兰州龙的下颌长度超过 1 米，上面有异常巨大的牙齿，是目前世界上拥有最大牙齿的植食性恐龙。

热河龙的上颌牙齿锐利，这可能暗示着它是杂食性恐龙，同时以植物、昆虫和其他小型动物为食。

热河龙

热河龙属于小型、原始的鸟脚类中的棱齿龙类，生活在湿润的林地和湖泊边。热河龙个体很小，颊齿略为平坦，类似其他植食性动物，但具有锐利的前上颌齿。

热河龙

中文名称：热河龙
拉丁学名：*Jeholosaurus*
学名含义：热河的蜥蜴
地质时期：晚白垩世
化石产地：辽宁北票
体型特征：体长 70 厘米

食性：植食性
类别：鸟脚类

兰州龙

兰州龙属于禽龙类恐龙，化石于 2005 年在中国甘肃省被发现。其化石包括下颌骨、颈椎、背椎、肋骨、尾椎、坐骨和耻骨等。兰州龙骨骼粗壮，体型较大，可以吃到中等高度和低处的枝叶。

兰州龙

中文名称：兰州龙
拉丁学名：*Lanzhousaurus*
学名含义：兰州的蜥蜴
地质时期：早白垩世
化石产地：甘肃兰州
体型特征：体长 10 米
食性：植食性
类别：禽龙类

长春龙的前肢较为短小，后肢修长，善于奔跑。

长春龙

长春龙体态娇小，头骨长 11.5 厘米，吻部较短，有着一双大眼睛。它的前肢较为短小，后肢修长优美，由此可以推断它善于奔跑，以植物为食。

长春龙

中文名称：长春龙　　　　食性：植食性
拉丁学名：*Changchunsaurus*　类别：鸟脚类
学名含义：长春的蜥蜴
地质时期：中白垩世
化石产地：吉林长春
体型特征：体长 1.5 米

249

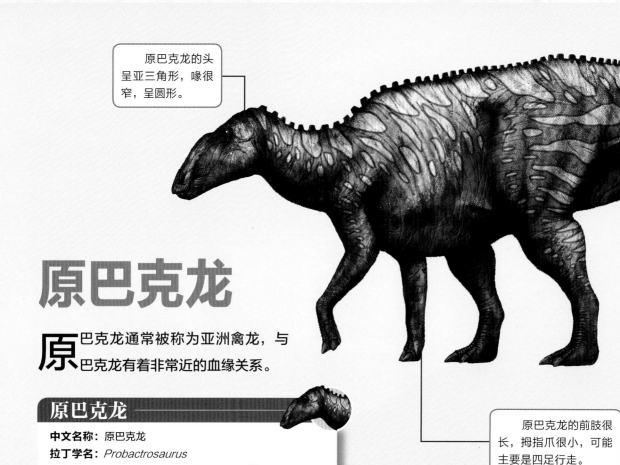

原巴克龙的头呈亚三角形，喙很窄，呈圆形。

原巴克龙的前肢很长，拇指爪很小，可能主要是四足行走。

原巴克龙

原巴克龙通常被称为亚洲禽龙，与巴克龙有着非常近的血缘关系。

原巴克龙

中文名称： 原巴克龙
拉丁学名： *Probactrosaurus*
学名含义： 原始的棍棒的蜥蜴
地质时期： 早白垩世
化石产地： 内蒙古阿拉善盟
体型特征： 体长 5.5 米
食性： 植食性
类别： 鸭嘴龙类

锦州龙

锦州龙是辽西热河生物群中发现的第一个大型恐龙化石，属于大型禽龙类，以中等高度和低处的嫩叶为食。这具化石保存十分完整，头部的牙齿密集，颈椎骨弯曲，四肢也完好无损。锦州龙生活在温暖潮湿气候下的湖畔沼泽或丛林地带。

锦州龙的脚上长着蹄状爪。

马鬃龙的化石包括几乎完整的颅骨和小部分其他骨骼。

马鬃龙

马鬃龙最初被认为是原始的鸭嘴龙类，可能是鸭嘴龙类中最早、最原始的物种，但后来的研究更倾向于将其归入更为古老的禽龙类。作为植食性恐龙，马鬃龙能吃到中等高度和低处的嫩叶。

锦州龙

中文名称：锦州龙
拉丁学名：*Jinzhousaurus*
学名含义：锦州的蜥蜴
地质时期：早白垩世
化石产地：辽宁锦州
体型特征：体长 5 米
食性：植食性
类别：禽龙类

马鬃龙

中文名称：马鬃龙
拉丁学名：*Equijubus*
学名含义：马鬃山的恐龙
地质时期：早白垩世
化石产地：甘肃马鬃山
体型特征：体长 7 米
食性：植食性
类别：禽龙类

双庙龙

双庙龙最初只发现了少量化石，曾被认为是鸭嘴龙类，后来确认属于禽龙类。现在双庙龙已经有较完整的骨架。

巴克龙

中文名称： 巴克龙
拉丁学名： *Bactrosaurus*
学名含义： 棍棒的蜥蜴
地质时期： 晚白垩世
化石产地： 内蒙古二连浩特
体型特征： 体长6.2米
食性： 植食性
类别： 鸭嘴龙类

巴克龙的头骨短而平滑，没有头冠，牙齿较少且呈棱柱形，交互排列成覆瓦状，能有效地将植物磨碎消化。旧的牙齿磨蚀后，会不断长出新的牙齿补充。

巴克龙

巴克龙的化石虽然不够完整，却是人们研究最仔细的早期鸭嘴龙类之一。它的前肢较短，后肢长而强壮，可以用两足或四足行走。巴克龙生活在季节性干旱——湿润的林地，独龙是其主要天敌。

双庙龙

中文名称：双庙龙
拉丁学名：*Shuangmiaosaurus*
学名含义：双庙的蜥蜴
地质时期：晚白垩世
化石产地：辽宁北票
体型特征：体长 7.5 米
食性：植食性
类别：禽龙类

双庙龙是一种两足行走的中型植食恐龙，当然，必要时它也能四足行走。

计氏龙

计氏龙

中文名称：计氏龙　　**食性：**植食性
拉丁学名：*Gilmoreosaurus*　　**类别：**鸭嘴龙类
学名含义：计氏的蜥蜴
地质时期：晚白垩世
化石产地：内蒙古二连浩特
体型特征：体长约 7 米

计氏龙是中等体型的鸭嘴龙类。从外观上看，它和禽龙差不多，而与其他鸭嘴龙有一定的区别，当然，它不像禽龙那样长着引人注目的大手钉。

乌拉嘎龙

乌拉嘎龙的化石发现于黑龙江省的一个骨床，与萨哈里彦龙的化石一起被人们发现。研究人员认为乌拉嘎龙是最基干（原始）的鸭嘴龙类，被认为是鸭嘴龙亚科起源于亚洲的证据。

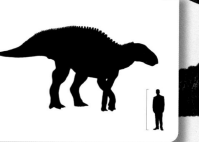

乌拉嘎龙

中文名称： 乌拉嘎龙
拉丁学名： *Wulagasaurus*
学名含义： 乌拉嘎的蜥蜴
地质时期： 晚白垩世
化石产地： 黑龙江嘉荫
体型特征： 体长 9 米
食性： 植食性
类别： 鸭嘴龙类

谭氏龙是一种头颅扁平的鸭嘴龙类，它们徜徉于莱阳盆地的湖边林地，吃鲜嫩的植物。

谭氏龙

谭氏龙只有一些不太完整的颅骨和其他骨骼化石，其标本包括头骨的后部、脊椎骨和四肢骨，发现于1923年，标本目前保存于瑞典。

山东龙

中文名称：山东龙	
拉丁学名：*Shantungosaurus*	
学名含义：山东的蜥蜴	
地质时期：晚白垩世	
化石产地：山东诸城	
体型特征：体长 15 米	
食性：植食性	
类别：鸭嘴龙类	

山东龙

山东龙化石发现于 1964 年，是迄今为止世界上最高大的鸭嘴龙。它们成群结队地活动，以庞大的数量来降低肉食性恐龙带来的损失。

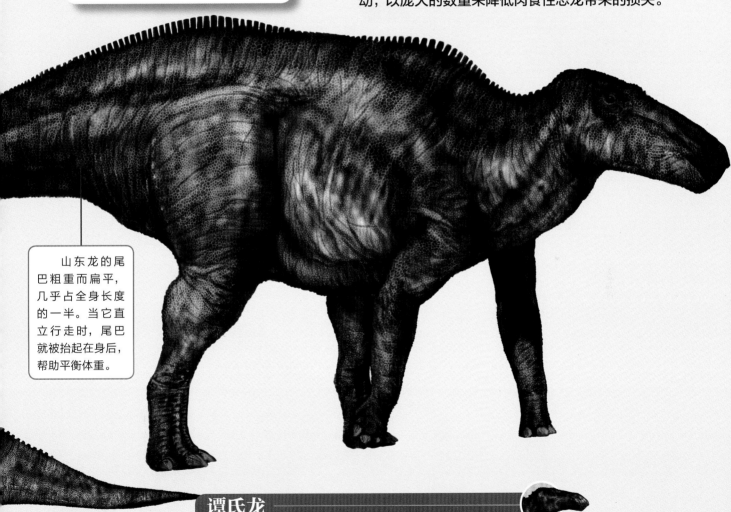

山东龙的尾巴粗重而扁平，几乎占全身长度的一半。当它直立行走时，尾巴就被抬起在身后，帮助平衡体重。

谭氏龙

中文名称：谭氏龙	食性：植食性
拉丁学名：*Tanius*	类别：鸭嘴龙类
学名含义：谭氏的恐龙	
地质时期：晚白垩世	
化石产地：山东莱阳	
体型特征：体长 7 米	

南宁龙

南宁龙的化石包括头骨和一些头后骨骼。南宁龙与发现于山东的青岛龙亲缘关系最为密切，它们成群出没于湖边和树林中，以嫩枝和树叶为食。

南宁龙

中文名称：	南宁龙
拉丁学名：	*Nanningosaurus*
学名含义：	南宁的蜥蜴
地质时期：	晚白垩世
化石产地：	广西南宁
体型特征：	体长 7.5 米
食性：	植食性
类别：	鸭嘴龙类

萨哈里彦龙

萨哈里彦龙发现于黑龙江流域的一个骨床中，与它一起被发现的还有乌拉嘎龙，后者也属于鸭嘴龙类。萨哈里彦龙被发现的化石较多，这表明当时它们的数量很多，经常成群活动。

阿穆尔龙

中文名称: 阿穆尔龙
拉丁学名: *Amurosaurus*
学名含义: 黑龙江蜥蜴
地质时期: 晚白垩世
化石产地: 黑龙江
体型特征: 体长 8 米
食性: 植食性
类别: 鸭嘴龙类

阿穆尔龙

阿穆尔龙生活在白垩纪的东亚地区,它们很可能渡过白令海峡到达美洲,并且在美洲地区进一步繁衍。它们是不折不扣的植食主义者,主要的进食工具是嘴里成百上千颗密密麻麻的牙齿。

> 阿穆尔龙的头顶有一个中空的头冠,可能有增强叫声的功能。

萨哈里彦龙

中文名称: 萨哈里彦龙
拉丁学名: *Sahaliyania*
学名含义: 满语"黑"的意思,代表黑龙江
地质时期: 晚白垩世
化石产地: 黑龙江嘉荫
体型特征: 体长 7.5 米
食性: 植食性
类别: 鸭嘴龙类

华夏龙

华夏龙的化石骨架是目前发现的世界上最高大的鸭嘴龙化石骨架。华夏龙的头骨很长，后腿很健壮，肌肉发达，足以支撑其巨大的体重。

华夏龙

中文名称： 华夏龙
拉丁学名： *Huaxiaosaurus*
学名含义： 华夏的蜥蜴
地质时期： 晚白垩世
化石产地： 山东诸城
体型特征： 体长 18.7 米
食性： 植食性
类别： 鸭嘴龙类

华夏龙的后腿很健壮，但前肢相对比较细小，因此它可能不善于四足奔跑。

金塔龙

金塔龙的化石并不完整，但是四肢和躯干给人比较纤细的感觉，它没有什么自卫的手段，看起来跑得也不快，应该主要依靠成群活动来保护自己。

叙五龙

叙五龙的化石发现于 2011 年，是一种中等体型的鸭嘴龙，其化石包括一个完整的头骨、一些颈椎和较好的腰带。该恐龙被命名为"叙五"是为了纪念学者王曰伦，他是甘肃省地质博物馆的创始人，为推动甘肃地质事业做出了很大的贡献，"叙五"是他的字。叙五龙是鸭嘴龙类恐龙的基干成员之一，还有待进一步研究。

叙五龙

中文名称：叙五龙
拉丁学名：Xuwulong
学名含义：地质学家王曰伦
（字叙五）的龙
地质时期：早白垩世
化石产地：甘肃酒泉
体型特征：体长约 7 米
食性：植食性
类别：鸭嘴龙类

金塔龙

中文名称：金塔龙
拉丁学名：Jintasaurus
学名含义：金塔的蜥蜴
地质时期：早白垩世
化石产地：甘肃金塔
体型特征：体长 9 米
食性：植食性
类别：鸭嘴龙类

云冈龙

云冈龙代表了晚白垩世一支最基干（原始）的鸭嘴龙类，并且其头骨和大腿骨的组合方式与其他鸭嘴龙不同。有学者认为，大同云冈龙可能可以帮助学者揭开鸭嘴龙类的起源和演化秘密。

越龙取食幼嫩的植物，可能还吃一些小昆虫或其他小动物。

越龙

越龙是一种原始的鸟脚类恐龙，也是中国目前已知的生活在最靠南方的鸟脚类恐龙。越龙和热河龙类的关系很近，后者虽然被归入鸟脚类，但是还带有角龙的一些特征。

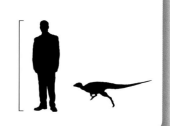

越龙	
中文名称： 越龙	
拉丁学名： *Yueosaurus*	
学名含义： 古越国的蜥蜴	
地质时期： 中白垩世	
化石产地： 浙江台州	
体型特征： 体长约 1.5 米	
食性： 植食性	
类别： 鸟脚类	

云冈龙

中文名称：云冈龙
拉丁学名：*Yunganglong*
学名含义：云冈石窟的龙
地质时期：晚白垩世
化石产地：山西大同
体型特征：不详
食性：植食性
类别：鸭嘴龙类

张衡龙可能生活在湖泊和河流区域，以当地丰美的植物为食。

张衡龙

中文名称：张衡龙
拉丁学名：*Zhanghenglong*
学名含义：张衡（古代科学家）的龙
地质时期：晚白垩世
化石产地：河南西峡
体型特征：体长约 6 米
食性：植食性
类别：鸭嘴龙类

张衡龙

张衡龙的化石包括部分头骨和前半身的骨骼，它可能是一种头上没有顶饰的鸭嘴龙类，也许不太善于奔跑，也没有很强大的防御武器，只能依靠庞大的族群来保护自己。

隐龙是目前已知最早的角龙类恐龙，是一种小型两足植食恐龙。它的头后部变大，已经有了头盾的雏形。

隐龙

隐龙的命名参考了电影《卧虎藏龙》，因为其化石的发现地点接近《卧虎藏龙》在新疆的拍摄地。一些学者认为隐龙最可能是角龙类的祖先形态，但这种平凡的小龙让人很难将其与后来诸多著名角龙联系在一起。

隐龙

中文名称：隐龙
拉丁学名：*Yinlong*
学名含义：取《卧虎藏龙》的隐藏之意
地质时期：晚侏罗世
化石产地：新疆准噶尔盆地
体型特征：体长 1.2 米
食性：植食性
类别：角龙类

满洲龙嘴里上下左右布满密集的牙齿，适合咀嚼坚硬的裸子植物的枝叶或被子植物的种子。

满洲龙

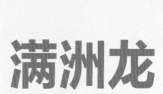

满洲龙的头骨很长，头顶平坦，嘴长而宽扁，嘴前端有角质喙。1902 年，一只满洲龙的化石被一位俄国少校从渔民手中购走，被当作猛犸化石运到俄国，1925 年才被鉴定为恐龙。

朝阳龙

目前已经发现了朝阳龙的部分头骨和小部分其他骨骼。朝阳龙的头非常宽，它生活在植被丰富的林地和湖边。在正式定名前，朝阳龙这个名称就曾经在各种场合使用，但直到 1999 年才正式被定名。

朝阳龙

中文名称：朝阳龙
拉丁学名：Chaoyangsaurus
学名含义：发现于朝阳的带角蜥蜴
地质时期：晚白垩世
化石产地：辽宁朝阳
体型特征：体长 1 米
食性：植食性
类别：角龙类

满洲龙

中文名称：满洲龙
拉丁学名：Mandschurosaurus
学名含义：满洲的蜥蜴
地质时期：晚白垩世
化石产地：黑龙江
体型特征：体长 9 米
食性：植食性
类别：鸭嘴龙类

宣化角龙

宣化角龙是最早期的角龙类之一，目前人们只发现了其部分颅骨和其他骨骼化石。宣化角龙和朝阳龙的亲缘关系很近。

宣化角龙生活在湿润的林地和湖边，以植物为食。

宣化角龙

中文名称：宣化角龙
拉丁学名：_Xuanhuaceratops_
学名含义：宣化的带角的脸
地质时期：晚侏罗世
化石产地：河北宣化
体型特征：体长 1 米
食性：植食性
类别：角龙类

辽宁角龙

辽宁角龙体型很小，应该是一种机敏的植食性恐龙，可能栖息在湿润的林地和湖畔，隐藏在林木中生活，以植物的枝叶为食。

辽宁角龙不同于后期的大型角龙，它的头盾很小，与古角龙很像，但是年代更晚。

辽宁角龙

中文名称：辽宁角龙
拉丁学名：_Liaoceratops_
学名含义：辽宁的带角的脸
地质时期：早白垩世
化石产地：辽宁朝阳
体型特征：体长 0.5 米
食性：植食性
类别：角龙类

古角龙长着小型头盾，但没有任何角状物，只在口鼻部上有凸起物，看起来有几分像鹦鹉嘴龙。

古角龙

中文名称： 古角龙
拉丁学名： *Archaeoceratops*
学名含义： 古老的带角的脸
地质时期： 晚侏罗世
化石产地： 甘肃马鬃山
体型特征： 体长 0.9 米
食性： 植食性
类别： 鸟脚类

古角龙

古角龙的前臂也许较长，但无法确定其是否为两足行走，也许它可以同时两足行走和四足行走。古角龙的食谱可能包括蕨类、苏铁或松树的叶子。

原角龙

原角龙生活在沙丘及沙漠绿洲地区，是我们最熟悉的恐龙之一。曾经有一只原角龙反抗、撕咬一只伶盗龙的化石被保存下来。伶盗龙是原角龙的主要天敌，但显然原角龙也具有一定的反击能力。

原角龙	
中文名称：	原角龙
拉丁学名：	*Protoceratops*
学名含义：	第一个带角的脸
地质时期：	晚白垩世
化石产地：	内蒙古戈壁沙漠
体型特征：	体长 2.5 米
食性：	植食性
类别：	角龙类

太阳角龙

太阳角龙的化石是一些颅骨碎片，没有更多的信息，不过科学家认为它可能是角龙演化过程中的一个中间环节。它生活的地方可能也生活着长春龙。

巨嘴龙

巨嘴龙

中文名称： 巨嘴龙
拉丁学名： *Magnirostris*
学名含义： 巨大的嘴巴
地质时期： 晚白垩世
化石产地： 内蒙古乌拉特后旗
体型特征： 体长 2.5 米
食性： 植食性
类别： 角龙类

巨嘴龙的化石包括大部分头骨，但是其是否应该作为独立物种尚有争议，有科学家提出巨嘴龙可能是弱角龙的一个变异个体，它的小型额角可能是在石化过程中挤压、变形造成的。

巨嘴龙的额角很小，它鸟喙形状的嘴巴非常引人注目。

太阳角龙

中文名称： 太阳角龙
拉丁学名： *Helioceratops*
学名含义： 太阳神赫利俄斯
带角的脸
地质时期： 晚白垩世
化石产地： 吉林公主岭
体型特征： 体长 1.3 米
食性： 植食性
类别： 角龙类

皖南龙的头顶骨骼很厚，外表饰以小而密的骨质棘刺。

肿头龙类曾让古生物学者颇为困惑，现在的解释是，它们成群生活，为了争夺首领地位或雌性的青睐，会用厚实的头顶互相撞击来决斗。

坐角龙

中文名称： 坐角龙
拉丁学名： *Ischioceratops*
学名含义： 坐骨的带角的脸
地质时期： 晚白垩世
化石产地： 山东诸城
体型特征： 体长 2 米
食性： 植食性
类别： 角龙类

皖南龙

中文名称： 皖南龙
拉丁学名： *Wannanosaurus*
学名含义： 安徽南部的蜥蜴
地质时期： 晚白垩世
化石产地： 安徽西山盆地
体型特征： 不详
食性： 植食性
类别： 肿头龙类

皖南龙

皖 南龙属于小型植食恐龙，估计体长不超过1米，目前已发现其大部分头骨和一小部分其他骨骼。

坐角龙的嘴巴呈鸟喙状，肌肉发达，非常有力。

坐角龙

坐 角龙的头部很大，虽然有小小的颈盾，而且颊部突出，但是没有尖锐的鼻角或眉角，因此其身体的防御能力并不强大。但是如果它用嘴巴咬对手的话，就是另外一回事了。

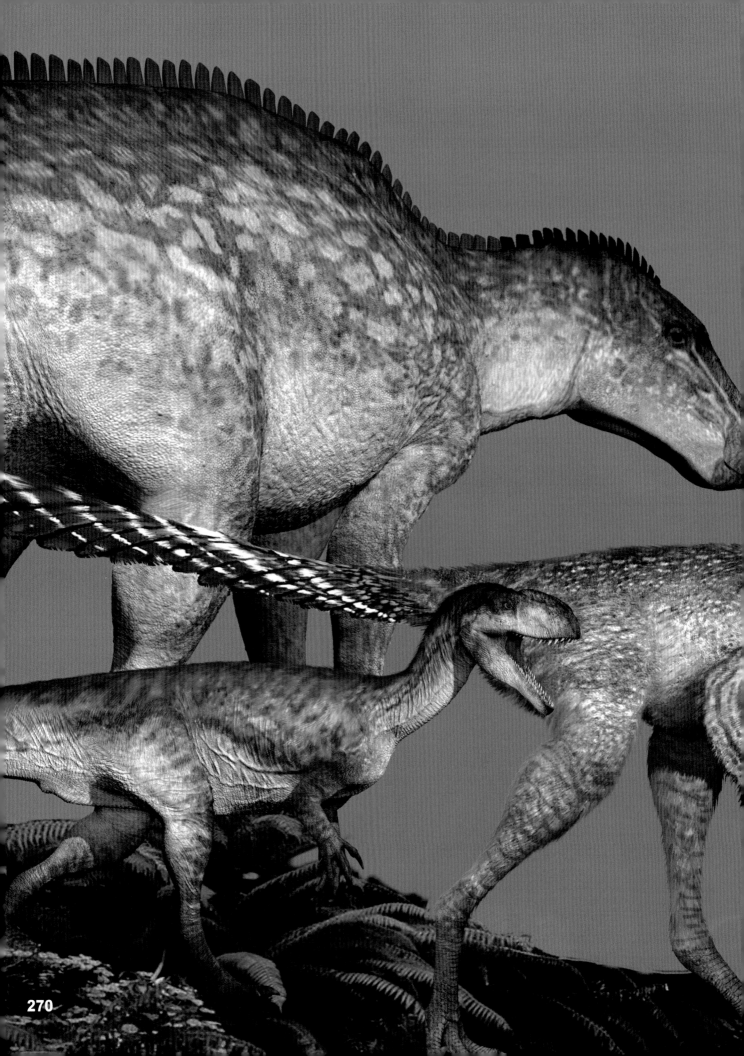

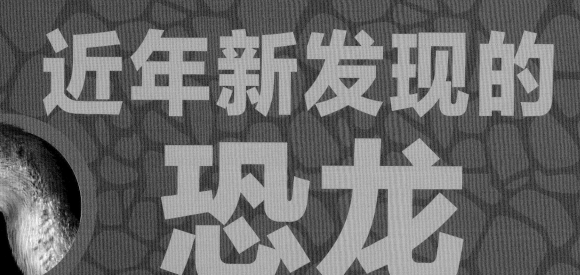

近年新发现的恐龙

近年新发现的恐龙档案馆

Beibeilong 贝贝龙

Beipiaognathus 北票颌龙

Daliansaurus 大连龙

Jianianhualong 嘉年华龙

Huanansaurus 华南龙

Jinyunpelta 缙云甲龙

Shuangbaisaurus 双柏龙

Liaoningvenator 辽宁猎龙

Laiyangosaurus 莱阳龙

Tongtianlong 通天龙

Mosaiceratops 镶嵌角龙

Zhongjianosaurus 钟健龙

Zhenyuanlong 振元龙

Xingxiulong 星宿龙

贝贝龙

这是一种在恐龙蛋里发现的恐龙，处于孵化状态，最开始被研究人员称为"路易贝贝"，这也是这种恐龙被定名为贝贝龙的主要原因。它发掘于 1979 年，后来被走私到海外，经过中国政府多次追讨后终于回归中国，现保存于河南省地质博物馆，并于 2017 年正式研究定名。

贝贝龙的蛋长度为 45 厘米，其成年恐龙的体型则是根据其他窃蛋龙类恐龙的体型与蛋的比例推断得出的。

贝贝龙

中文名称：贝贝龙
拉丁学名：*Beibeilong*
学名含义：（蛋里的）小恐龙宝贝
地质时期：晚白垩世
化石产地：河南汝阳

体型特征：估计成年后体长 13 米，体重超过 3 吨
食性：杂食性
类别：窃蛋龙类

北票颌龙

北票颌龙的化石近乎完整，这种恐龙不仅具有美颌龙类的鉴定特征，例如扇形的背椎神经脊和强壮的第一指第一指节，而且还具有自己特有的特征，例如不带小锯齿的锥形牙齿、较长的尺骨、长而强壮的第二指第一指节，以及较短的尾部等。北票颌龙的出现让我们意识到美颌龙类的多样性比我们之前预想的还要强。

北票颌龙

中文名称：北票颌龙
拉丁学名：*Beipiaognathus*
学名含义：北票的美颌龙
地质时期：早白垩世
化石产地：辽宁北票
体型特征：体长 1.8 米
食性：肉食性
类别：美颌龙类

大连龙

中文名称：大连龙
拉丁学名：*Daliansaurus*
学名含义：在辽宁大连发现的蜥蜴
地质时期：早白垩世
化石产地：辽宁大连
体型特征：体长约 1 米
食性：肉食性
类别：伤齿龙类

大连龙

大连龙化石的主人生前应该处于茁壮生长的阶段，死亡时在 4 ~ 5 岁。专家分析，大连龙可能与曲鼻龙的亲缘关系较近。

大连龙被挖掘出来的时候几乎就是一具完整的化石。与其他同类相比，它脚上第四趾的爪子非常大，几乎与第二趾的"杀手爪"一样大，这种情况实属罕见。

嘉年华龙

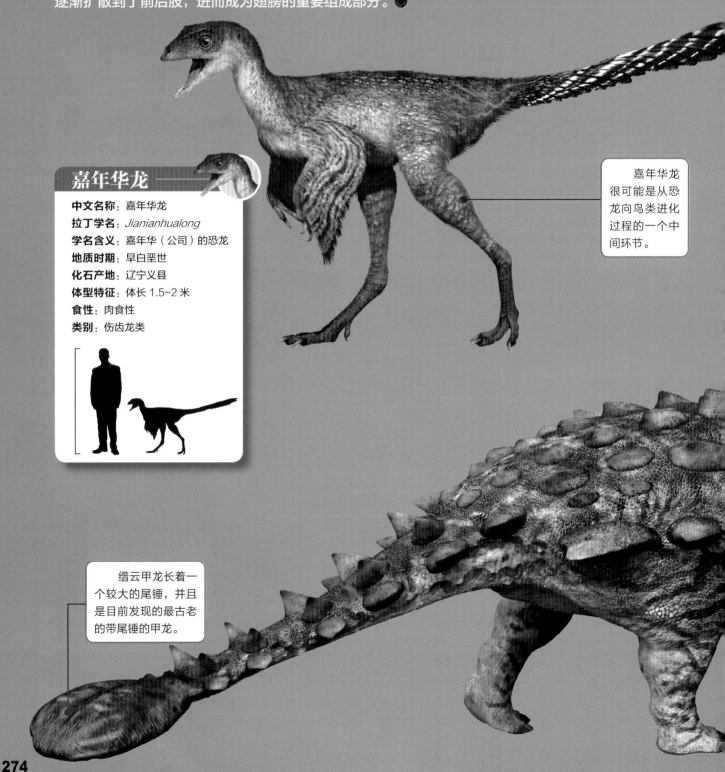

嘉年华龙化石上的印痕显示，这是一只后腿上也长有羽毛的恐龙，这成为支持恐龙四翼飞行学说的重要证据。此外，现今鸟类翅膀上的飞羽普遍属于非对称外形，这样有利于飞行。而嘉年华龙非对称的羽毛却长在尾巴上而非前肢上，这或许说明非对称羽毛在诞生之初其作用并不是飞行，它从尾部逐渐扩散到了前后肢，进而成为翅膀的重要组成部分。

嘉年华龙 ————

中文名称：嘉年华龙
拉丁学名：*Jianianhualong*
学名含义：嘉年华（公司）的恐龙
地质时期：早白垩世
化石产地：辽宁义县
体型特征：体长 1.5~2 米
食性：肉食性
类别：伤齿龙类

嘉年华龙很可能是从恐龙向鸟类进化过程的一个中间环节。

缙云甲龙长着一个较大的尾锤，并且是目前发现的最古老的带尾锤的甲龙。

274

华南龙

华南龙的化石包括了几乎整个头骨和下颌骨，以及一部分头后骨骼。与其他窃蛋龙类恐龙相比，华南龙的上下颌骨形态较为不同，这意味着华南龙获取的食物种类可能与其他窃蛋龙有一些区别，甚至生态功能也有所变化。◆

华南龙

中文名称：华南龙	
拉丁学名：*Huanansaurus*	
学名含义：华南地区发现的蜥蜴	
地质时期：晚白垩世	
化石产地：江西赣州	
体型特征：估计体长 1 米多	
食性：杂食性	
类别：窃蛋龙类	

↑华南龙的头骨保存得非常好，其中最大的孔是眼眶。

缙云甲龙

之前有观点认为，甲龙的尾锤是从无到有、从小到大变化的，而缙云甲龙显示，年代较早的甲龙也可以长有较大的尾锤。所以，甲龙的尾锤大小并不是一种简单的渐变关系。

缙云甲龙

中文名称：缙云甲龙	**体型特征**：长约 5 米，高约 1.3 米
拉丁学名：*Jinyunpelta*	
学名含义：缙云的盾	**食性**：植食性
地质时期：晚侏罗世	**类别**：甲龙类
化石产地：浙江缙云	

双柏龙

双柏龙的化石保存了部分头骨和下颌骨，它可能是一种凶猛的掠食恐龙。它的发现有助于我们加深对早侏罗世兽脚类恐龙多样化的理解。

在双柏龙的两只眼眶上有很明显的脊状突起。这种脊冠结构在其他兽脚类恐龙中还未曾发现过。

双柏龙

中文名称：双柏龙	**化石产地**：云南楚雄
拉丁学名：*Shuangbaisaurus*	**体型特征**：不详
学名含义：双柏发现的蜥蜴	**食性**：肉食性
地质时期：早侏罗世	**类别**：兽脚龙类

莱阳龙具有进步鸭嘴龙的特征，但没有青岛龙那样的顶饰。

恐龙档案馆

辽宁猎龙

中文名称：辽宁猎龙
拉丁学名：*Liaoningvenator*
学名含义：辽宁的猎手
地质时期：早白垩世
化石产地：辽宁北票
体型特征：体长约 0.7 米
食性：肉食性
类别：伤齿龙类

辽宁猎龙的化石保存非常完整，化石里的恐龙蜷缩成一团。辽宁猎龙有一些特点，例如坐骨靴更大，尾椎的形态也比较独特等等。整体来看，它可能是一个体型高挑，并且可以迅速奔跑的家伙。●

莱阳龙

中文名称：莱阳龙
拉丁学名：*Laiyangosaurus*
学名含义：山东莱阳的蜥蜴
地质时期：晚白垩世
化石产地：山东莱阳
体型特征：体长 8~9 米
食性：植食性
类别：鸭嘴龙类

莱阳龙

莱阳龙是在山东发现的又一种鸭嘴龙类，而且体型相当大。它的发现丰富了中国晚白垩世鸭嘴龙类的多样性。●

通天龙

通天龙是在岩石爆破过程中被人们偶然发现的恐龙。化石呈头部上仰、前肢向左右两侧伸展的挣扎状态。这只恐龙生前很可能误入了泥潭，并因此丧命。所以，这只恐龙的全名为"泥潭通天龙"。

通天龙

中文名称：通天龙
拉丁学名：*Tongtianlong*
学名含义：通天岩发现的恐龙
地质时期：晚白垩世
化石产地：江西赣州
体型特征：体长 1.5 米
食性：杂食性
类别：窃蛋龙类

镶嵌角龙

镶嵌角龙是一种介于鹦鹉嘴龙和其他角龙类之间的原始角龙类型，存在一些过渡性的骨骼特征，例如外鼻孔较高，等等，这也揭示了角龙类早期演化过程中的镶嵌进化现象，填补了鹦鹉龙类和新角龙类之间的形态差距。

镶嵌角龙

中文名称：镶嵌角龙
拉丁学名：*Mosaiceratops*
学名含义：（揭示）镶嵌演化现象的角龙
地质时期：晚白垩世
化石产地：河南内乡
体型特征：估计体长 1 米左右
食性：肉食性
类别：角龙类

←通天龙的头骨化石展示出典型的窃蛋龙类特征。

通天龙长着锋利的爪子和有力的腿，可以用爪子获取食物，用腿快速奔跑。

钟健龙

中文名称：钟健龙

拉丁学名：*Zhongjianosaurus*

学名含义：纪念古生物学家杨钟健先生的蜥蜴

地质时期：早白垩世

化石产地：辽宁义县

体型特征：体长 0.7 米，体重 0.3 千克

食性：肉食性

类别：驰龙类

钟健龙

钟健龙比喜鹊大不了多少，由于前肢和后肢上覆盖有飞羽，它们看起来更像一只鸟，而不是恐龙。钟健龙很可能生活在树上，并且能够在树间滑翔，可能有些偏向杂食性。

嘴里长着锋利的小牙齿，这是它们身为掠食者的证据。

279

振元龙可能是由一种能够飞行的恐龙演化而来的，在演化中逐渐丧失了飞行能力，不过此观点还有待进一步研究。

振元龙

中文名称：振元龙
拉丁学名：*Zhenyuanlong*
学名含义：向（孙）振元先生致敬的恐龙
地质时期：早白垩世
化石产地：辽宁建昌
体型特征：体长 1.7 米
食性：肉食性
类别：驰龙类

振元龙

振元龙的化石保存非常完整，具有保存完美的、像鸟类一样的翅膀，密集的羽毛覆盖着前肢和尾部。不过，与同一类群的其他种类相比，振元龙的前肢实在太短了，却又长着多层结构复杂的羽毛，这种翅膀可能无法飞行，其精致的羽毛可能仅仅是为了炫耀。●

←振元龙的化石，暗色区域是羽毛的印痕。

星宿龙

星宿龙

中文名称：星宿龙

拉丁学名：*Xingxiulong*

学名含义：星宿桥的恐龙

地质时期：早侏罗世

化石产地：云南禄丰

体型特征：体长 4~5 米

食性：植食性

类别：原蜥脚龙类

这是一种中等体型的蜥脚龙型类恐龙，目前共发现 3 具标本，其中 2 具为成年个体。星宿龙的体型要小于禄丰龙，但体态和食性与其相近。星宿龙的发现彰显了中国基干蜥脚型类恐龙的多样性。

图书在版编目（CIP）数据

中国恐龙百科 / 邢立达编著. -- 南京：江苏凤凰
美术出版社，2021.2
ISBN 978-7-5580-7872-9

Ⅰ. ①中… Ⅱ. ①邢… Ⅲ. ①恐龙—中国—图集
Ⅳ. ①Q915.864-64

中国版本图书馆CIP数据核字(2020)第174298号

美国国家地理学会是世界上最大的非营利科学与教育组织之一。学会成立于1888年，以"增进与普及地理知识"为宗旨，致力于启发人们对地球的关心。美国国家地理学会通过杂志、电视节目、影片、音乐、电台、图书、DVD、地图、展览、活动、学校出版计划、交互式媒体与商品来呈现世界。美国国家地理学会的会刊《国家地理》杂志，以英文及其他33种语言发行，每月有3800万读者阅读。国家地理频道在166个国家以34种语言播放，有3.2亿个家庭收看。美国国家地理学会资助超过10000项科学研究、环境保护与探索计划，并支持一项扫除"地理文盲"的教育计划。

总　策　划：李永适　张婷婷
责 任 编 辑：李秋瑶
特 约 编 辑：于艳慧　谷梦溪
特 约 美 编：乔　治　吴晓京
责 任 监 印：生　嫄

书　　　　名：中国恐龙百科
编　　　著：邢立达
出 版 发 行：江苏凤凰美术出版社
　　　　　　（南京市湖南路1号）
出版社网址：http://www.jsmscbs.com.cn
印　　　刷：北京瑞禾彩色印刷有限公司
开　　　本：889mm×1194mm　1/16
印　　　张：17.75
版　　　次：2021年2月第1版
　　　　　　2021年2月第1次印刷
标 准 书 号：ISBN 978-7-5580-7872-9
定　　　价：148.00元
营销部电话：025-68155792
营销部地址：南京市湖南路1号

江苏凤凰美术出版社图书凡印装错误可向承印厂调换。

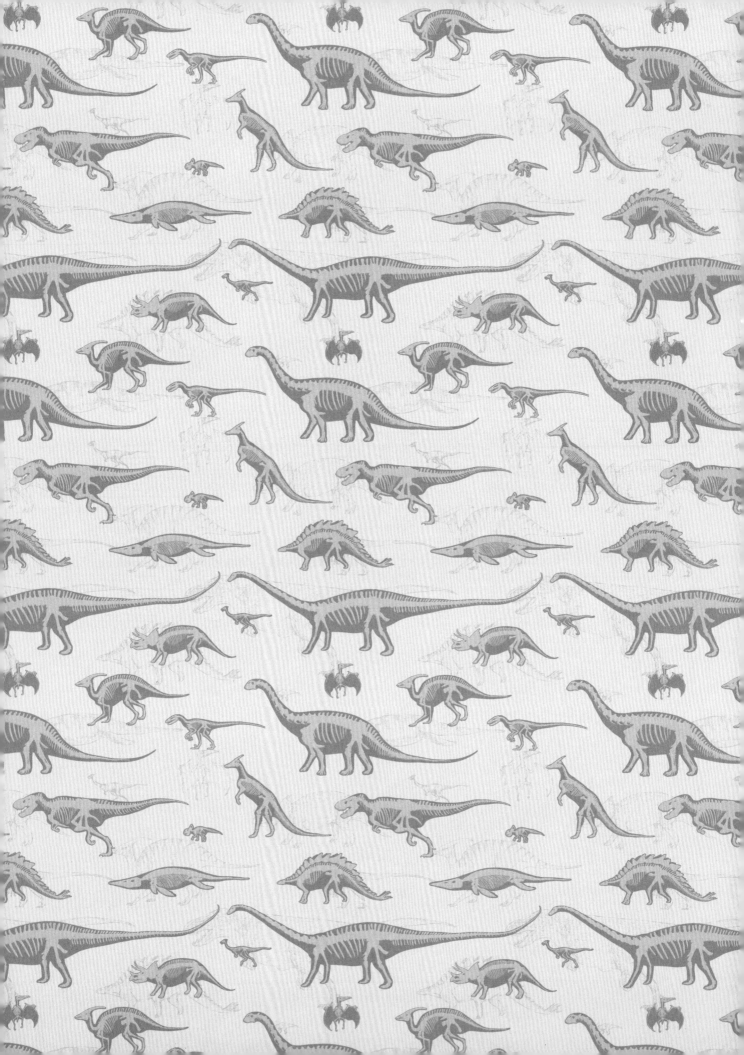